# 海洋遥感数据处理实践初级教程

## Primary Practical Course of Ocean Remote Sensing Data Processing

蒋浩宇　陈玥舟　宋昱昊　孟文怡

付国睿　杨　拯　粟大伟　王培军　著

中国地质大学出版社

CHINA UNIVERSITY OF GEOSCIENCES PRESS

## 内容简介

本书是"海洋遥感"或"卫星海洋学"课程实践环节的教材,主要指导学生利用脚本语言对卫星海洋遥感数据进行处理与可视化。通过对常用卫星海洋遥感数据处理思路和示例代码的讲解,帮助学生快速掌握海洋遥感数据处理的基本方法。全书共分为9章,第1章是对常用海洋遥感数据格式的介绍和本教程所需实验环境配置的指导,后8章分别介绍MATLAB和Python对水色、海表温度、海洋风场及海浪遥感数据的处理,实验所涉及的数据格式涵盖了二维、三维的网格化数据及宽刈幅和星下的沿轨数据4种典型的海洋遥感数据组织类型。各章均有详细的任务说明和示例代码,也有相应的练习题。通过熟练地掌握本初级实践教材内容,学生可基本具备在海洋遥感领域"play with data"的能力,将具备在老师指导下开展相关领域科研训练的技术基础。

### 图书在版编目(CIP)数据

海洋遥感数据处理实践初级教程/蒋浩宇等著. —武汉:中国地质大学出版社,2022.11
ISBN 978 - 7 - 5625 - 5432 - 5

Ⅰ.①海…　Ⅱ.①蒋…　Ⅲ.①海洋观测卫星-卫星遥感-遥感数据-数据处理-教材
Ⅳ.①V474.1 ②TP72

中国版本图书馆 CIP 数据核字(2022)第 202360 号

| 海洋遥感数据处理实践初级教程 | 蒋浩宇　陈玥舟　宋昱昊　孟文怡 | 著 |
| --- | --- | --- |
| | 付国睿　杨　拯　粟大伟　王培军 | |

责任编辑:唐然坤　　　　　选题策划:唐然坤　　　　　　责任校对:徐蕾蕾

出版发行:中国地质大学出版社(武汉市洪山区鲁磨路 388 号)　　　　邮编:430074
电　　话:(027)67883511　　　传　　真:(027)67883580　　E - mail:cbb@cug.edu.cn
经　　销:全国新华书店　　　　　　　　　　　　　　　　http://cugp.cug.edu.cn

开本:787 毫米×1092 毫米　1/16　　　　　　　字数:192 千字　　　印张:7.5
版次:2022 年 11 月第 1 版　　　　　　　　　　印次:2022 年 11 月第 1 次印刷
印刷:武汉市籍缘印刷厂

ISBN 978 - 7 - 5625 - 5432 - 5　　　　　　　　　　　　　　　　　定价:32.00 元

# 前　言

随着遥感技术在海洋观测领域的广泛使用,"海洋遥感"或"卫星海洋学"近年来已成为了全国各高校海洋科学和海洋技术专业的必修课,也被多所高校作为大气、地理、遥感、测绘、地信等专业的必修课和选修课。海洋遥感是一门要求理论与实践并重的课程,其数据处理实践也是学生在相关课程中需要重点掌握的内容。虽然目前有不少专业软件可以实现对部分海洋遥感卫星数据的处理,但这些软件大部分都只适用于处理部分种类的卫星遥感数据,往往缺乏代表性。相比之下,编写简单的计算机程序脚本进行数据处理则更具有通用性,能适用于不同来源、不同格式的海洋遥感数据处理与可视化。此外,从对学生进行专业训练的角度来说,代码编写是海洋领域众多研究方向的必备技能,故在"海洋遥感"课程中开展一定的编程练习能为学生后续课程的学习以及研究的开展打下更好的基础。因此,本教材作为"海洋遥感"或"卫星海洋学"的配套实践教程资料,可"手把手"地指导学生进行典型的海洋遥感数据处理,尽量让学生快速入门掌握海洋遥感数据处理的基本方法。

考虑到大部分高校对海洋遥感数据处理实践课程的分配课时有限,本教材涉及的实验内容仅有 4 个方向。因为 MATLAB 和 Python 在海洋遥感数据的处理与可视化中均有十分广泛的应用,因此每个实验均有相应的 MATLAB 和 Python 版本的实验方案,具体实验内容如下。

(1)水色遥感:基于 MODIS 全球叶绿素浓度网格化数据产品开展实验,旨在让学生熟悉水色卫星数据,并掌握基本的二维网格化数据处理与可视化。

(2)海表温度遥感:基于 NOAA 融合全球海表温度网格化数据产品开展实验,旨在让学生熟悉海温遥感数据,巩固并进一步掌握基本的三维网格化数据处理与可视化。

(3)海洋风场遥感:基于 HY-2A 散射计风场沿轨数据产品开展实验,旨在让学生熟悉散射计数据,并掌握基本的宽刈幅沿轨数据产品及矢量数据处理与可视化。

(4)海浪遥感:基于多源高度计有效波高沿轨数据产品开展实验,旨在让学生熟悉高度计数据,并掌握利用现场观测数据对遥感数据进行评估验证的基本方法。

尽管实验数量不多,但 4 个方向的实验涉及水色、海表温度、风场和海浪 4 种典型的海洋遥感环境变量,也涵盖了二维、三维的网格化数据及宽刈幅和星下的沿轨数据 4 种典型的海洋遥感数据组织类型,并实践了星-地数据配准的基本流程。各章均有详细的任务说明和示例代码,也有相应的练习题供老师检验教学效果,应保证学生掌握章节内容后有能力完成章节后的练习题。

在使用本教材前,学生需对程序设计有基本的认识,但也仅需了解 Python 或 MATLAB

的基本语法即可。当熟练地掌握本教材内容后,学生将基本具备在海洋遥感领域"play with data"的能力,也将具备在老师指导下开展相关领域科研训练的技术基础。

本教材在中国地质大学(武汉)海洋学院海洋工程与技术专业的教学中试用了 3 年,在试用过程中收到该专业本科学生的很多意见,并对相关内容进行了不断修改和完善。教材中的所有代码均由研究生或本科生在笔者的指导下完成,其中宋昱昊、孟文怡、付国睿和杨拯分别完成了 4 个实验内容的 MATLAB 代码编写,陈玥舟在此基础上完成了相应的 Python 代码编写,粟大伟对 MATLAB 代码进行了进一步的测试与优化,王培军对 Python 的代码进行了测试与优化。本教材整体内容设计和统稿由蒋浩宇和陈玥舟完成。在此对提出意见、修改完善内容的学生和老师一并表示感谢。

此外,本教材的相关参考数据主要来自国家卫星海洋应用中心、美国国家航空航天局(NASA)戈达太空飞行中心水色实验室、美国国家海洋大气局(NOAA)物理科学实验室、法国海洋开发研究院(IFREMER)卫星与物理海洋学实验室、欧洲中期天气预报中心(ECMWF)、美国国家浮标数据中心(NDBC)等国家机关和相关组织服务网站。这些公开的数据为笔者进行海洋遥感的研究与教学提供了极大的便利,在此深表谢意,具体列举如下。

NetCDF:https://www.unidata.ucar.edu/software/netcdf/

Python:www.python.org

Python Basemap 扩展包:https://matplotlib.org/basemap/

Python 扩展包非官方合集:https://www.lfd.uci.edu/~gohlke/pythonlibs/

Python h5py 拓展包:https://www.h5py.org/

Anaconda:https://www.anaconda.com

MATLAB M_Map 拓展包:https://www.eoas.ubc.ca/~rich/map.html

NASA Ocean Color:https://oceancolor.gsfc.nasa.gov/

NOAA PSL:https://psl.noaa.gov/

国家卫星海洋应用中心数据服务系统:https://osdds.nsoas.org.cn/

CERSAT:https://cersat.ifremer.fr/

Mathwork:https://www.mathworks.com/

NDBC:https://www.ndbc.noaa.gov/

笔　者

2022 年 8 月 31 日

# 目　录

# 实验前准备工作

本章一方面介绍了实验会用到的两种数据格式(CSV 和 NetCDF/HDF5,也是近年来海洋遥感研究中最常见的两种数据格式)以及它们的基本查看和读取方法;另一方面,介绍了本实验所需的 Python 和 MATLAB 编程环境的配置。

## 1.1 常用数据格式介绍

### 1.1.1 CSV 格式

逗号分隔值(Comma - Separated Values,简称 CSV)有时也称为字符分隔值,因为分隔字符也可以不是逗号,其文件以纯文本形式存储表格数据(数字和文本),是一种非常通用的且简单的文件格式,在海洋科学领域被广泛应用。简单地说,CSV 文件就是一张电子数据表格,表格的每一行表示一条数据,每一列表示一个变量,每条数据之间被分隔符分隔成不同的字段(常见的分隔符包括空格、逗号等),数据文件的前几行可用于对数据包含的变量进行说明。此类文件常以".txt/.dat/.csv"等后缀存储。

例如本教材实验所涉及的美国浮标数据中心(National Data Buoy Center,简称 NDBC)的浮标数据就是以".txt"格式存储的 CSV 文件。图 1－1 展示了利用文本查看器打开 51003号浮标 2012 年气象数据(51003h2012.txt)的截图(注意:数据可以用 Windows 自带的记事本打开,但数据较大时记事本打开会比较卡顿,建议选用更专用的文本查看器和编辑器,例如 UltraEdit 等)。可以看到,CSV 数据通常直接采用 ASCII 码格式存储,所以其查看非常简单。数据的第一行表示变量的种类(年 YY、月 MM、日 DD、时 hh、分 mm、风向 WDIR、风速 WSPD、阵风 GST、有效波高 WVHT 等),其后的每一行代表一条数据记录。例如第一行数据表示 2011 年 12 月 31 日 23 时 50 分,风向为 30°,风速为 5.1m/s,阵风 6.3m/s,有效波高为 1.82m……值得注意的是,当数据中的数字位数不同时,所占的行宽会有所不同,因此在文本查看器中每一列数据往往并不是"对齐"的,但只要有分隔符(本案例中是空格)对数据进行分隔,就不会影响数据的读取。

### 1.1.2 NetCDF/HDF 格式

NetCDF(Network Common Data Form)网络通用数据格式是由美国大学大气研究协会(University Corporation for Atmospheric Research,简称 UCAR)的 Unidata 项目科学家针对科学数据的特点开发的,是一种面向数组型并适于网络共享的数据的描述和编码标准。利用

```
51003h2012.txt  ×
   #YY MM  DD  hh  mm   WDIR WSPD GST  WVHT DPD   APD  MWD PRES   ATMP WTMP DEWP VIS TIDE
 1 2011 12  31  23  50   30   5.1  6.3  1.82 10.81 7.16 999 1016.1 24.1 25.1 999  99  99
 2 2012 1   1   0   50   27   5.2  6.4  1.81 10    7.05 999 1015.6 24.1 25.1 999  99  99
 3 2012 1   1   1   50   32   4.6  5.9  1.62 11.43 6.91 999 1015.4 24.2 25.1 999  99  99
 4 2012 1   1   2   50   38   5    5.9  1.68 10.81 6.89 999 1015.5 24.3 25.1 999  99  99
 5 2012 1   1   3   50   38   5.3  6.2  1.72 10.81 7.04 999 1016.2 24.2 25.1 999  99  99
 6 2012 1   1   4   50   42   5.8  7    1.63 10.81 6.86 999 1016.5 24.1 25.1 999  99  99
 7 2012 1   1   5   50   47   6.4  7.5  1.56 12.9  6.44 999 1017   24.2 25   999  99  99
 8 2012 1   1   6   50   51   6.1  7.4  1.63 10.81 6.23 999 1017.2 24.1 25   999  99  99
 9 2012 1   1   7   50   50   6.4  7.4  1.59 10.81 6.39 999 1017.3 24   25   999  99  99
10 2012 1   1   8   50   51   6.3  7.6  1.66 10    6.45 999 1017.4 24   24.9 999  99  99
11 2012 1   1   9   50   67   5.5  6.8  1.59 12.9  6.3  999 1017.1 23.9 24.9 999  99  99
12 2012 1   1   10  50   76   4.8  5.9  1.62 10    6.73 999 1016.6 23.8 24.9 999  99  99
13 2012 1   1   11  50   88   5    6.2  1.65 12.12 7.01 999 1016.1 23.8 24.9 999  99  99
14 2012 1   1   12  50   84   5.3  6.4  1.6  10.81 6.44 999 1015.7 23.7 24.9 999  99  99
```

图 1-1　文本查看器打开 51003 号浮标 2012 年气象数据（51003h2012.txt）的显示信息

NetCDF 可以对数据进行高效存储、管理、获取和分发等操作。由于其灵活性、易用性和平台无关性，且能够对数据进行自描述，NetCDF 非常有利于传输海量的面向矩阵数据。因此，NetCDF 目前广泛应用于大气科学、海洋科学、地球物理等诸多领域。对 NetCDF 的详细介绍可以参考其官方网站 https://www.unidata.ucar.edu/software/netcdf/。

　　理解 NetCDF 格式的组织格式也是“海洋遥感”课程的重点内容之一，NetCDF 不仅是海洋学研究中非常常见的数据结构，也与其他主流的数据类型（如 HDF、GRIB 等）在数据组织层面有非常多的共同特征。例如本实验用到的部分数据会以 HDF 的格式进行组织。虽然两种数据在数据结构的细节和程序语言中对数据进行读取的方式有所不同，但在逻辑层面 HDF 和 NetCDF 的数据的组织方式十分类似。在包含海洋科学在内的地球科学领域中，掌握 NetCDF 数据的查看与读取后，对 HDF 数据的查看和读取基本不会存在障碍。因此，在此不再对 HDF 的相关信息进行赘述，在具体章节中再对 HDF5 的读取进行简单介绍。

　　NetCDF 的后缀名通常是“.nc”。从数学上来说，NetCDF 文件存储的数据就是一个多自变量的单值函数。用公式来说就是 $f(x,y,z,\cdots)=value$，函数的自变量 $x,y,z$ 等叫作维度（Dimension），在海洋遥感数据中，可以将其理解为坐标轴；函数值叫作变量（Variables）；自变量和函数值在物理学上的一些性质，比如计量单位（量纲）、物理学名称等就叫属性（Attributes）。

### 1. 维度（Dimension）/坐标轴

　　NetCDF 文件中的每一个维度代表一个函数中的某个自变量或者函数的一个坐标轴。在海洋大气数据中，常见的维度包括时间、经度、纬度、高度、深度、通道等。需要注意的是，通常情况下在 NetCDF 中坐标轴（维）的长度都是有限的。

### 2. 变量（Variables）

　　变量对应着文件中存储的物理数据，通常以矩阵的形式存储，矩阵的大小取决于该变量对应的维度。此外，每一个维度/坐标轴也会有一个用于描述自身的变量（维度变量）。

### 3. 属性（Attributes）

　　属性是对变量值和维的具体物理含义、单位等信息的注释或解释。因为变量和维在

NetCDF 文件中都只是无量纲的数字，需要对其进行解释。

　　查看 NetCDF 和 HDF 文件可以使用专用的文件查看器，如 Panoply、HDFView 等。相关软件的下载、安装和使用均较为简单，在网上有大量相关资料，学生可以通过搜索引擎自行探索，在此不再赘述。此外，可以直接利用脚本语言查看 NetCDF 文件的信息。下面以第二次实验用到的 1990—2020 年美国国家海洋大气局（NOAA）的最优插值（OI）海表温度（Sea Surface Temperature，简称 SST）数据为例，介绍 NetCDF 的组织结构。

　　通过 MATLAB 中的 ncdisp 函数可以对文件的信息进行查看，利用 ncdisp 查看教程中的 OISST 数据文件，将会得到以下几个黑框中的信息（用 Python 亦可实现类似的功能，将在后续课程中介绍，在此着重介绍 NetCFD 的数据结构），对其解释如下。

```
Format:          classic
Global Attributes:
        title= 'NOAA Optimum Interpolation (OI) SST V2'
        Conventions= 'CF-1.0'
        history= 'Created 10/2002 by RHS'
        comments=Data described in  Reynolds, R.W., N.A. Rayner, T.M.
                Smith, D.C. Stokes, and W. Wang, 2002: An Improved
                In Situ and Satellite SST Analysis for Climate, J. Climate'
        platform= 'Model'
        source= 'NCEP Climate Modeling Branch'
        institution= 'National Centers for Environmental Prediction'
        References= 'https://www.psl.noaa.gov/data/gridded/data.noaa.oisst.v2.html'
        dataset_title= 'NOAA Optimum Interpolation (OI) SST V2'
        source_url= 'http://www.emc.ncep.noaa.gov/research/cmb/sst_analysis/'
```

　　"Format"记录了数据的格式信息（NetCDF 还有很多种不同的具体格式和版本），此部分信息初学者暂不必过于关注。"Global Attributes"部分记载了整个数据的基本信息，如数据名称、创建时间、参考文献、来源等，有助于帮助用户更好地理解数据。

```
Dimensions:
        lat=180
        lon=360
        time=1590   (UNLIMITED)
        nbnds=2
```

　　"Dimensions"记录了数据维度（坐标轴）信息。从中可以看到，本数据共包含 4 个维度，分别是 lat、lon、time、nbnds。维度 time 后的"(UNLIMITED)"表示这个坐标轴的长度可以无限拓展，但初学者暂不需要关注此问题。前文已经说过，每一个维度/坐标轴也会有一个用于描述自身的变量（维度变量），尽管学生可能可以猜到 lat、lon、time 分别代表纬度、经度和时间，但上述维度/坐标轴具体分别代表什么需要在下面的"Variables"信息中查看。

```
Variables:
    lat
        Size:       180x1
        Dimensions: lat
        Datatype:   single
        Attributes:
                    units='degrees_north'
                    long_name='Latitude'
                    actual_range=[89.5        -89.5]
    lon
        Size:       360x1
        Dimensions: lon
        Datatype:   single
        Attributes:
                    units='degrees_east'
                    long_name='Longitude'
                    actual_range= [0.5         359.5]
    sst
        Size:       360x180x1590
        Dimensions: lon,lat,time
        Datatype:   int16
        Attributes:
        long_name='Weekly Mean of Sea Surface Temperature'
        unpacked_valid_range=[-5   40]
                    actual_range  =[-1.8        36.16]
                    units='degC'
                    add_offset=0
                    scale_factor=0.01
        missing_value=32767
                    dataset= 'NOAA Optimum Interpolation (OI) SST V2'
                    statistic= 'Weekly Mean'
                    standard_name='sea_surface_temperature'
                    valid_range=[-500   4000]
    time
        Size:       1590x1
        Dimensions: time
        Datatype:   double
        Attributes:
```

```
            units='days since 1800-1-1 00:00:00'
                long_name='Time'
                actual_range=[69395  80518]
                bounds='time_bnds'
    time_bnds
        Size:       2x1590
        Dimensions: nbnds,time
        Datatype:   double
        Attributes:
                long_name='Time Boundaries'
```

"Variables"记录了数据各个变量的基本信息。可以看出,数据中包含 5 个变量,名称分别是 lat、lon、sst、time、time_bnds。其中,lat、lon、time 与维度的信息一致,故这 3 个是描述维度信息的维度变量。下面逐一对这几个变量进行解读。

变量 lat 大小为 180×1,数据类型为 single(单精度,目前不必过于关注数据类型),对应的维度是 lat,根据其属性信息可知变量 lat 的含义是 Latitude(纬度),取值范围是 89.5～−89.5,单位是 degrees_north,即北纬度数。若对数据进行读取,会发现变量 lat 中存储的 180 个数据是[89.5, 88.5, 87.5, ⋯, 1.5, 0.5, −0.5, −1.5, ⋯, −87.5, −88.5, −89.5]这样一个等差数列,每一个数可以理解为 lat 这个坐标轴上的一个"刻度"。例如第一个数代表北纬 89.5°,最后一个数代表北纬−89.5°(即南纬 89.5°)。

变量 lon 大小为 360×1,数据类型为 single(单精度),对应的维度是 lon,根据其属性信息可知变量 lon 的含义是 Longitude(经度),取值范围是 0.5～359.5,单位是 degrees_east,即东经度数。若对数据进行读取,我们将发现变量 lat 中存储的 180 个数据是[0.5, 1.5, 2.5, ⋯, 358.5, 359.5]这样一个等差数列,每一个数可以理解为 lon 这个坐标轴上的一个"刻度"。例如第一个数代表东经 0.5°,最后一个数代表东经 359.5°(即西经 0.5°)。

变量 sst 是一个三维矩阵,大小为 360×180×1590,如图 1-2 所示,数据类型为 int16(16 位整形),对应的 3 个维度分别是 lon、lat 和 time(同时,不难看出 360 是维度 lon 的长度,180 是维度 lat 的长度,1590 是维度 time 的长度)。根据其属性信息可知变量 sst 在本文件中的含义是周平均海表温度,单位是℃,用 32767 代表无效值。因此,可以看出,该变量描述了不同时间不同经纬度的海表温度,该变量三维矩阵中的每一个位置均对应了一个确定的经度、纬度和时间,而该位置的值则对应着该经度、纬度和时间的海表温度值。例如图 1-2 中 A 点对应的坐标是[3, 2, 1](从左向右第 3 个经度,从下至上第 2 个纬度,从前至后第 1 个时间),故 A 点所对应的位置是 lon 变量中的第 3 个元素(东经 2.5°)、lat 变量中的第 2 个元素(北纬 88.5°)、time 变量中的第 1 个元素(1989 年 12 月 31 日,见下一段)。因此,矩阵 sst 在 A 点的值就代表了 1989 年 12 月 31 日,88.5°N,2.5°E 处的海表温度值。同理,图中 B 点对应的坐标是[359, 178, 1588](从左向右第 358 个经度,从下至上第 178 个纬度,从前至后第 1588 个时间),故 $A$ 点所对应的位置是 lon 变量中的第 359 个元素(东经 358.5°,即西经1.5°),lat 变量中的第 178 个元素(北纬 $-87.5°$,即南纬 87.5°),time 变量中的第 1588 个元素(2020 年 5 月 31 日)。因此,矩阵 sst 在 $B$ 点的值就代表了 2020 年 5 月 31 日,87.5°S,1.5°W 处的海表温度值。

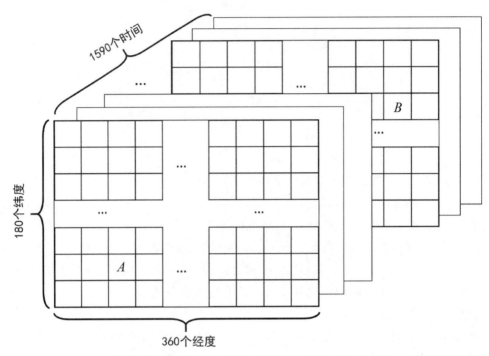

图 1-2  1990—2020 年美国国家海洋大气局最优插值海表温度数据中的变量 sst 矩阵结构示意图

变量 time 大小为 $1590×1$,数据类型为 double(双精度),对应的维度是 time,根据其属性信息可知变量 time 的含义就是 Time(时间),取值范围是 69395～80518,单位是"days since $1800-1-1\ 00{:}00{:}00$",即 1800 年 1 月 1 日 0 点以来的天数。在海洋遥感数据中,时间信息常用某一时刻后的天数/小时数/秒数来计量,使用这一方法能使时间信息更加便于存储和处理。因此,时间维度上的单位"units"属性对于数据来说非常重要,因为它往往记载了时间信息的记录方式。若对数据进行读取,会发现变量 time 中存储的 180 个数据是[69395,69402,69409,…,80511,80518]这样一个等差数列,每一个数可以理解为 time 这个坐标轴上的一个"刻度"。例如第一个数代表自 1800 年 1 月 1 日以来经过了 69 395 天,即 1989 年 12 月 31日;最后一个数代表自 1800 年 1 月 1 日以来经过了 80 518 天,即 2020 年 6 月 14 日。

变量 time_bnds 是一个三维矩阵,大小为 $2×1590$,数据类型为 double(双精度),对应的两个维度分别是 nbnds 和 time,同时不难看出 2 是 nbnds 的大小,1590 是 time 的大小。根据其含义"Time Boundaries"可知,这一变量存储的是 time 各时间点所对应的时间上界、下界,即每周平均温度计算的起始和结束时间。

暂不管变量 time_bnds,不难发现一段时间内海表温度随经度、纬度、时间的变化可以用一个三维矩阵表示,当用 NetCDF 对其进行存储时,不仅要以变量的形式存储三维矩阵本身,也要以维度变量的形式存储其对应的坐标轴信息。可以思考：如果要存储某一时刻的 SST 随经度和纬度的变化,需要几个变量和几个维度(变量)？如果要存储一段时间的海水温度随经度、纬度、深度、时间的变化,需要几个变量和几个维度(变量)？答案分别是"1 个变量＋2 个维度"和"1 个变量＋4 个维度"。如果能准确回答这一问题,说明对 NetCDF 的数据组织方式已经有了基本的认识,足够进行后续实验内容了。即使尚不理解,也可以先行开展实验,并在实验的过程中逐步体会、理解,届时再返回本章节,应该能够完全理解这一问题。

## 1.2　Python 实验环境配置

### 1.2.1　Python 下载与安装

打开 Python 官方下载网址 www. python. org/downloads/,找到需要下载的版本(本教材的内容已在 Python 3.7.2 版本中进行实验,若学生尚未安装 Python,建议也安装此版本),找到对应的版本,点击"Download"后选择相应的系统版本进行下载即可,Windows 64 位系统的用户可以选择"Windows x86 - 64 executable installer"。

下载完毕后,按照安装向导完成 Python 的安装即可。在安装过程中,建议勾选"Add Python 3.7 to PATH"并全选"Optional Features"中的功能。

图 1 - 3　Python 安装过程中的一些建议事项

### 1.2.2　安装 Jupyter Notebook(可选)

Jupyter Notebook 是基于网页的用于交互计算的应用程序,它可以在网页页面中直接编写代码和运行代码,并具备对代码的语法高亮、缩进、tab 补全的功能,代码的运行结果也会直接在代码块下显示,是在海洋遥感数据处理过程中比较常用的工具。若学生在进行本书实验之前尚不熟悉其他集成开发环境,Jupyter Notebook 是一个可选的方案。当然,使用 Spyder、PyCharm 等其他 IDE,甚至直接使用记事本,都不会影响本实验课程内容的完成(但不推荐 Windows 自带记事本等没有语法高亮功能的文本编辑软件)。

Jupyter Notebook 和后续的一些 Python 库的安装均可以用 pip 进行。pip 是一个通用的 Python 包管理工具,能够对 Python 的库和包进行查找、下载、安装、卸载,已内置于 Python

3.4 以上的版本。在此只介绍 Windows 下 Jupyter Notebook 的安装（一般使用 Linux 的学生都应该已经有了习惯的 IDE）。

在 Windows 控制台（按住"Windows"键＋"R"→输入"cmd"即进入）输入命令"python－m pip install－upgrade pip"将 pip 更新到最新版本；然后，输入命令"pip install jupyter notebook"，等待下载和安装进度完成后即完成安装；安装完成后，在 Windows 控制台直接输入"Jupyter Notebook"就能将软件打开。若想在桌面创建一个快捷方式方便打开，只需要单击鼠标右键创建一个文本文档，在文档中输入"Jupyter Notebook"并保存，然后再将文档的拓展名从".txt"改为".bat"就可以通过双击该".bat"文件实现 Jupyter Notebook 的启动。更新 pip 版本操作指令如下：

```
C:\Users\DELL> python-m pip install--upgrade pip
```
注：控制台中更新 pip 的方法示意，非加黑文字为控制台显示内容，加黑文字为用户在控制台输入的内容。其他在控制台输入命令的方法与之类似。

## 1.2.3 安装拓展包

### 1. 安装 netCDF4 拓展包

netCDF4 是 Python 用于读写 NetCDF 文件的一个拓展包，本教材操作教程将使用其部分功能，关于本库包具体说明可见 https://github.com/Unidata/netcdf4－python。netCDF4 拓展包被收录在了 Python 扩展包索引（PyPI）中，对于 PyPI 中收录的扩展包，在完成 pip 安装后，只需要在控制台（cmd）中输入"pip install ×××"（×××为扩展包名称）即可。例如对于 netCDF4，在 cmd 中输入"pip install netCDF4"。

### 2. 安装 Basemap 拓展包

Basemap 是一个用于在 Python 绘制 2D 数据至地图的拓展包，它提供了将坐标转化为多种不同地图投影的功能，可调用 Python 的 Matplotlib 扩展包进行与地图相关的图件绘制，并集成了海岸线、河流、政治边界数据集，是海洋领域绘图中常用的函数库之一。本实验教程仅使用其部分功能，本拓展包具体说明可见 https://matplotlib.org/basemap/users/geography.html。

Basemap 拓展包是基于 geos 拓展包建立的，并且依赖于投影拓展包 pyproj，因此在 Basemap 库下载前需要先安装 geos 和 pyproj 两个拓展包。geos 拓展包被收录在 PyPI 中，因此其安装只需要在控制台（cmd）中输入"pip install geos"即可。pyproj 和 Basemap 两个拓展包没有被 PyPI 收录，因此不能通过 pip 直接进行安装，需要下载编译好的安装包。加利福尼亚大学尔湾分校（University of California, Irvine, 简称 UCI）的 Christoph Gohlke 博士建立了一个非官方的 Python 拓展包合集，其下载和使用非常方便，地址是 https://www.lfd.uci.edu/~gohlke/pythonlibs/。在页面上，可以通过"Ctrl"＋"F"搜索"pyproj"快速定位，找到对应的版本。例如若 Python 的版本是 3.7, Windows 为 64 位系统,则下载"pyproj – 3.1.0 – cp37 – cp37m – win_amd64. whl"(cp37 表示 Python 3.7, amd64 表示 64 位操作系统)。同理, Basemap 也可以通过搜索快速定位,若 Python 的版本是 3.7, Windows 为 64 位系统,则下载 "basemap – 1.2.2 – cp37 – cp37m – win_amd64. whl"。下载完成后,通过 cd 命令将控制台目录切换至下载文件所在的位置。例如如果两个文件放在了"D:\ Program Files(x86)\ Python3.7.2\Scripts"文件夹,则可以在控制台中先后输入以下指令:

```
C:\Users\DELL> D:
D:\>cd D:\Program Files (x86)\Python3.7.2\Scripts
D:\Program Files (x86)\Python3.7.2\Scripts>pip install pyproj3.1.0-cp37-cp37m-
win_amd64.whl
   ……pyproj 的安装信息……
D:\Program Files (x86)\Python3.7.2\Scripts> basemap-1.2.2-cp37-cp37m- win_
amd64.whl
   ……Basemap 的安装信息……
```

**或者直接在原始目录下输入以下指令:**

```
C:\Users\DELL> pip install D:\Program Files (x86)\Python3.7.2\Scripts\ pyproj3.1.0-
cp37-cp37 m-win_amd 64.whl
   ……pyproj 的安装信息……
C:\Users\DELL>pip install D:\Program Files (x86)\Python3.7.2\Scripts\ basemap-
1.2.2-cp37-cp3 7m-win_amd64.whl
   ……Basemap 的安装信息……
Successfully installed basemap-1.2.2  pyproj-3.1.0  pyshp-2.1.3
注:这里命令换行是排版需要,实际每个命令的输入不用换行
```

若电脑中正在使用的 numpy 拓展包和 Basemap 拓展包不兼容,则按照报错内容将 numpy 扩展包更新到所需版本即可正常安装 Basemap 拓展包。完成安装后,在 Python 中输入以下内容应无报错:

```
from mpl_toolkits.basemap import Basemap
```

### 3. 安装 h5py 拓展包

h5py 是 Python 语言用来操作 HDF5 的模块,本教程仅使用其小部分功能。关于本拓展

包的具体信息可见 https://www.h5py.org/。h5py 拓展包被收录在了 PyPI 中,因此只需要在 cmd 中输入"pip install h5py"即可。

### 1.2.4　Anaconda 下的环境配置

Anaconda 是一个开源的 Python 发行版本,集成了一系列安装好的工具包,安装十分简单。关于 Anaconda 的详细介绍和使用方法说明可以参考 https://www.anaconda.com/,部分相关内容已经超出了本实验教程的范畴,在此不再详述。对于已经习惯使用 Anaconda 或类似集成工具的学生,可以利用 Anaconda Prompt,在相应的 Anaconda 命令行中按照上文"1.2.3　安装拓展包"中的步骤完成拓展包的安装即可。

## 1.3　MATLAB 的实验环境配置(M_Map 扩展包)

若要在 MATLAB 环境下完成本实验,MATLAB 的版本需要在 2010 以上。由于 MATLAB 本身已经集成了处理 netCDF、HDF5 等数据的方法,对于完成本实验,唯一需要增加的工具箱是 M_Map。M_Map 是 MATLAB 用于绘制地图的工具箱,其功能与 Python 中的 Basemap 扩展包十分相似,包括了多种投影变换并集成了海岸线、河流、政治边界数据集,是海洋领域绘图常用的 MATLAB 工具包之一。在 https://www.eoas.ubc.ca/~rich/map.html 可以对 M_Map 进行下载,并查看更多相关说明。

完成 M_Map 的下载后,可以在实验前在 MATLAB 的命令行里输入如下指令,将 M_Map 的路径加入到 MATLAB 的工作路径:

```
addpath /users/rich/m_map
```

或者找到 MATLAB 软件对话框中的"设置路径(Set Path)"按钮,将 M_Map 的路径加到 MATLAB(以 MATLAB R2015b 版本为例)的工作路径,如图 1-4 所示。

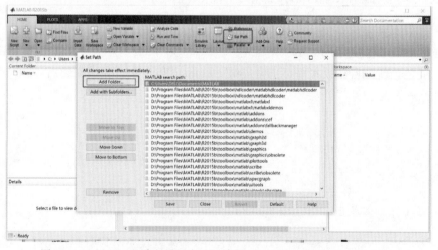

图 1-4　MATLAB 路径设置方法示意图(以 MATLAB R2015b 版本为例)

# 2 实验一 水色遥感数据的可视化（Python）

## 2.1　实验目的

（1）熟悉水色遥感数据和叶绿素浓度的全球空间分布。
（2）掌握利用 Python 对 NetCDF(. nc)格式数据的信息查询与读写。
（3）掌握用 Python 对网格化数据进行可视化的基本操作。

## 2.2　实验任务

（1）在 NASA 的 Ocean Color 网站（https://oceancolor. gsfc. nasa. gov/）下载 Auqa-MODIS 的 chlor_a(叶绿素 a)浓度网格化数据(9km 分辨率)。
（2）利用 Python 对下载数据的信息进行查询。
（3）利用 Python 对全球和中国近海区域的叶绿素浓度进行可视化。

## 2.3　实验步骤

### 2.3.1　下载数据

登录 https://oceancolor. gsfc. nasa. gov/,该网站有许多关于水色遥感的信息,可多花一点时间浏览熟悉相关内容。海洋遥感的很多数据在互联网上是公开的,因此根据需要利用搜索引擎找到研究所需的数据,这也是一种很重要的实践能力。

找到数据获取页面,按照数据目录找到需要的数据(若数据下载需要注册账号,则按网站的要求进行注册即可)。

（1）于 MISSIONS 处选择"MODIS-Aqua"进入 Aqua/MODIS 传感器界面(图 2-1)。
（2）选择"Data Access"下"Level-3 global browser"浏览""MODIS-Aqua Level-3 数据(图 2-2)。
（3）点击"Extract or Download L3 Data"进入下载选择界面(图 2-3)。
（4）筛选数据类型,"Period"选择"Annual"或"Monthly",Resolution 选择"9km","Type"勾选"Mapped",也可根据自己的想法下载数据。图 2-4 的选项显示了下载 2017 年 5 月月平均 MODIS - Aqua 叶绿素浓度 9km 分辨率数据的设定,学生也可以根据各自喜好尝试下载其他时段的数据。

(5)下载数据。拷贝粘贴提供的链接即可下载 NetCDF 数据。如果因为某些特殊原因导致该网站无法访问,本书提供一套数据可供使用,数据来源如下。

链接:https://pan. baidu. com/s/1gc7Pg6FWEpWeOCbsc7Qc - A。

TinyURL:https://tinyurl. com/mwmcbpbf。

提取码:ORSE。

下载"A20160652016072. L3m_8D_CHL_chlor_a_9km. nc"即可开展后续实验。

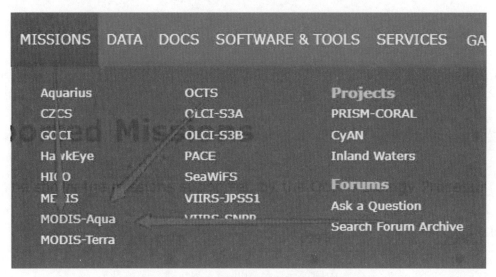

图 2 - 1　网站 MISSIONS 处的传感器界面

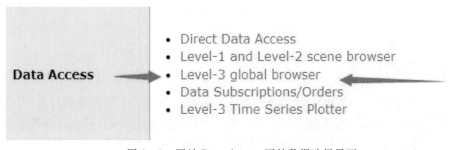

图 2 - 2　网站 Data Access 下的数据选择界面

图 2 - 3　数据下载界面入口

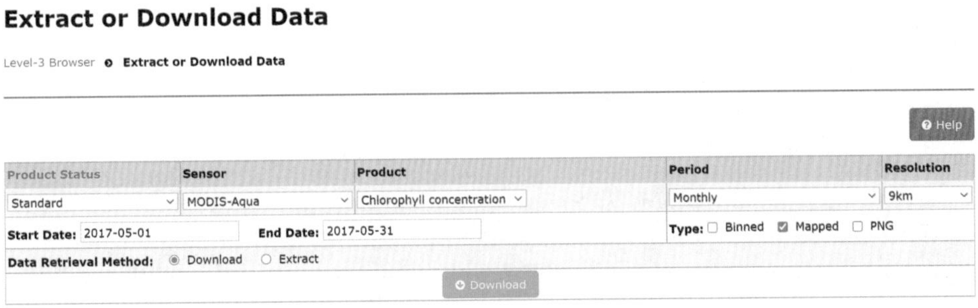

**Extract or Download Data**

Level-3 Browser ● **Extract or Download Data**

| Product Status | Sensor | Product | Period | Resolution |
|---|---|---|---|---|
| Standard ∨ | MODIS-Aqua ∨ | Chlorophyll concentration ∨ | Monthly ∨ | 9km ∨ |
| **Start Date:** 2017-05-01 | **End Date:** 2017-05-31 | | **Type:** ☐ Binned ☑ Mapped ☐ PNG | |
| **Data Retrieval Method:** ◉ Download ○ Extract | | | | |

● Download

图 2-4　数据筛选与下载界面

## 2.3.2　查看并读取数据信息

在 python 的交互命令行下输入以下内容，对数据信息进行查看，具体代码如下：

```
import netCDF4 as nc          # 导入库
# 直接在文件所在的路径运行脚本时，不用输入文件路径。
file=nc.Dataset('A20171212017151.L3m_MO_CHL_chlor_a_9km.nc')
# 如果采用绝对路径，注意所有路径尽量用英文命名，路径中的"\"要改成"\\"或"/"，例如
# file=nc.Dataset('D:/ORS/A20171212017151.L3m_MO_CHL_chlor_a_9km.nc')
# 注意反斜杠
print(file)                   # 查看 nc 文件信息
```

得到的结果如下所示：

```
< class'netCDF4._netCDF4.Dataset'>
root group (NETCDF4 data model, file format HDF5):
    product_name: A20160652016072.L3m_8D_CHL_chlor_a_9km.nc
    instrument: MODIS
    title: HMODISA Level-3 Standard Mapped Image
    project: Ocean Biology Processing Group (NASA/GSFC/OBPG)
    platform: Aqua
    temporal_range: 8-day
    processing_version: 2018.0
    date_created: 2018-01-03T20:45:01.000Z
    history: l3mapgen par=A20160652016072.L3m_8D_CHL_chlor_a_9km.nc.param
    ……
    （信息较多，部分内容省略）
    ……
    keywords_vocabulary: NASA Global Change Master Directory (GCMD) Science Keywords
```

```
data_bins: 3146693
data_minimum: 0.00793175
data_maximum: 98.7445
dimensions(sizes): lat(2160), lon(4320), rgb(3), eightbitcolor(256)
variables(dimensions): float32 chlor_a(lat, lon), float32 lat(lat), float32
lon(lon), uint8 palette(rgb, eightbitcolor)
groups: processing_control
```

结果显示了大量数据的基本信息，例如数据名称、创建时间、来源等。其中，最后的"dimensions"和"variables"分别记录了数据的维度（坐标轴）与变量信息。可以看出，数据共有 4 个维度，分别是 lat、lon、rgb、eightbitcolor，还包含 4 个变量，分别是 chlor_a、lat、lon、palette。每个维度的大小和变量的数据类型以及对应的坐标轴也都可以从上述文件中看出，如 chlor_a 的自变量分别是 lat、lon，lat 和 lon 的长度分别是 2160、4320，其中 lon 和 lat 变量的坐标轴是它们自身，故它们为维度变量。

要进一步了解每个变量的信息，则需要进一步通过以下方式查看：

```
print(file.variables['chlor_a'])                # 查看变量信息
```

得到的结果如下所示：

```
< class'netCDF4._netCDF4.Variable'>
float32 chlor_a(lat, lon)
    long_name: Chlorophyll Concentration, OCI Algorithm
    units: mg m^-3
    standard_name: mass_concentration_chlorophyll_concentration_in_sea_water
    _FillValue:-32767.0
    valid_min: 0.001
    valid_max: 100.0
    reference: Hu, C., Lee Z., and Franz, B.A. (2012). Chlorophyll-a algorithms for
oligotrophic oceans: A novel approach based on three- band reflectance difference,
J. Geophys. Res., 117, C01011, doi:10.1029/2011JC007395.
    keywords: EARTH SCIENCE > OCEANS > OCEAN CHEMISTRY > CHLOROPHYLL
    display_scale: log
    display_min: 0.01
    display_max: 20.0
unlimited dimensions:
current shape=(2160, 4320)
filling on
```

变量 chlor_a 是一个二维矩阵,大小为 2160×4320,数据类型为 float32,对应的维度分别是 lat、lon(同时不难看出 2160 是维度 lat 的长度,4320 是维度 lon 的长度)。矩阵的含义为叶绿素浓度(Chlorophyll Concentration),单位为 mg/m³。因此,该变量所描述的就是不同经纬度的叶绿素浓度。

用类似的方法还可以对变量 lat、lon 进行查看。比如,以下是 lon 的信息:

```
< class'netCDF4._netCDF4.Variable'>
float32 lon(lon)
    long_name: Longitude
    units: degrees_east
    standard_name: longitude
    _FillValue:-999.0
    valid_min:-180.0
    valid_max: 180.0
unlimited dimensions:
current shape=(4320,)
filling on
```

相关内容可结合"1.1.2 NetCDF/HDF 格式"的介绍。

结合数据信息,将经纬度和叶绿素浓度信息读入 Python 数组中。在读取前,先导入实验需要用到的拓展包,代码如下:

```
import numpy as np
from mpl_toolkits.basemap import Basemap
# 注意:这个地方不能直接 import Basemap,另外注意区分大小写。
import matplotlib.pyplot as plt
chlor=file.variables['chlor_a'][:]   # 叶绿素浓度读入
lons=file.variables['lon'][:] # 经度读入
lats=file.variables['lat'][:] # 纬度读入
```

## 2.3.3 数据可视化

叶绿素浓度绘图代码如下:

```
# 对经纬度进行编织,注意 lon、lat 和 lons、lats 是不同的变量。
lon, lat=np.meshgrid(lons, lats)
```

```
# 画图
m=Basemap(llcrnrlon=-180,llcrnrlat=-80,urcrnrlon=180, urcrnrlat=80, \
projection='mill',resolution='l')
# 指定投影类型和地图的画布位置,其中:
# llcrnrlon 表示"low-left corner longitude"即左下角的经度;
# llcrnrlat 表示"low-left corner latitude"即左下角的纬度;
# urcrnrlon 表示"up-right corner longitude"即右上角的经度;
# urcrnrlat 表示"up-right corner latitude"即右上角的纬度;
# resolution 表示所采用的海岸线数据的分辨率,在此'l'表示 low,还有'h'high,
# 'i' intermediate, 'c'coarse 等。
# projection 表示所采用的投影类型,更多的投影类型可在 Basemap 的主页查看。
mlon,mlat=m(lon,lat)          # 把实际经纬度坐标转换成投影地图下的经纬度坐标
m.pcolor (mlon,mlat,chlor)  # 绘制浓度分布
plt.show()# 显示图片
```

在利用网格化数据绘制地图之前,常常需要利用 np. meshgrid 对经度、纬度的网格进行编织,即将经度矩阵沿纬向扩展、纬度矩阵沿经向扩展,使得经纬度矩阵的大小与目标变量(本例中的叶绿素浓度)大小一致。本步骤暂不强求学生在这一阶段了解,但当学生学会可视化方法后,可用 m. pcolor (lon,lat,lat) 和 m. pcolor (lon,lat,lon)分别查看网格编制后 lat、lon 的含义,应该很快就能了解这两个矩阵和 meshgrid 的含义。

得到的结果如图 2－5 所示(注意:矩阵较大,绘制过程需要稍作等待)。

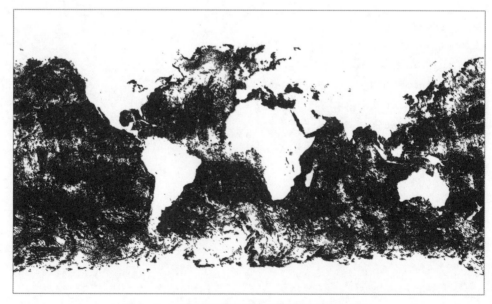

图 2－5　运行叶绿素浓度绘图代码得到的结果图

除了很少的区域外,大部分的位置显示都是白色和深蓝色。其中,白色表示陆地或没有数据(不难理解,陆地也是没有数据)。若对数据进行查看,查看可直接 print(chlor[XX,YY])(其中 XX 和 YY 为任选的坐标),会发现叶绿素高浓度区域是低浓度区域浓度的几十倍,所以直接对结果进行可视化时,不同位置的叶绿素浓度高低在图中并不能很好地被反映出来(仔细观察也能看出图中部分位置的颜色不是深蓝色)。为解决这一问题,通常在绘制叶绿素浓度的时候,常常进行取对数操作,取对数后再用代码绘图,代码如下:

```
# 对叶绿素浓度取对数,注意:我们改变了变量名。
chl=np.log(chlor)
# 画图
m.pcolor(mlon,mlat,chl)  # 绘制浓度分布
plt.show()
```

得到的结果如图 2-6 所示。

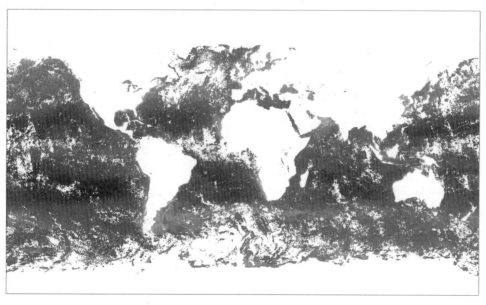

图 2-6　运行取对数后绘图代码得到的进行结果图

现在的结果基本能够看出叶绿素浓度的高低分布。更换颜色搭配可以用 m.pcolor 函数中的 cmap 参数,更换颜色代码如下:

```
m.pcolor(mlon,mlat,chl,cmap='jet')  # 通过 cmap 更换颜色映射方案(用不同颜色表
# 示不同值),常用的映射方案有 jet、hsv、gray 等
plt.show()
```

　　将颜色映射方案更为 jet 后的效果如图 2-7 所示,学生可尝试几种不用的 cmap 参数,对比会得到什么样的结果。

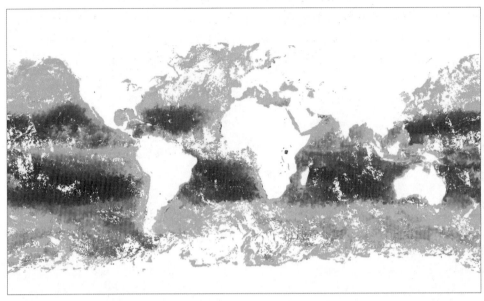

图 2-7　颜色映射方案更改为 jet 后得到的运行结果图

　　下面为绘制的结果添加其他制图要素(网格线、colorbar、标题等),具体代码如下:

```
# 为地图添加上海岸线和经纬网格
m.drawparallels(np.arange(-90.,91.,20.),labels=[1,0,0,0], fontsize=10)
# 从-90°(南纬 90°)每隔 20°绘制一条纬线,在图左(1,0,0,0)标注纬度,字号为 10
m.drawmeridians(np.arange(-180.,181.,40.),labels=[0,0,0,1], fontsize=10)
# 从-180°(西经 180°)每隔 40°绘制一条纬线,在图下(0,0,0,1)标注纬度,字号为 10
m.drawcoastlines()# 绘制海岸线
m.fillcontinents(color='white') # 为陆地填上白色
cs=m.pcolor(mlon,mlat,chl,cmap='jet')   # 绘制浓度分布
cbar=m.colorbar(cs,location='bottom',label='lg Chla (ug/L)',pad=\
"10%") # 显示颜色图例及其位置信息和标签
plt.title('Global distribution of chlorophyll concentration', fontsize=\
'10')   # 添加标题
plt.show()
```

　　绘制结果添加其他制图要素结果如图 2-8 所示。
　　至此,完成了全球某一时段平均叶绿素浓度的绘制。最后,可以对图片进行存储,用高 dpi 的结果存储,可以得到更为清晰的图像,具体代码如下:

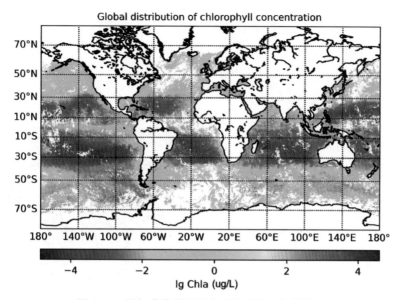

图 2-8　添加其他制图要素后得到的运行结果图

注："Global distribution of chlorophyll concentration"表示叶绿素浓度的全球分布，"Chla"表示叶绿素浓度。

```
# 在图片保存前先要把结果绘制出来并保持图片窗口打开
plt.savefig("Chlor.jpg", dpi=300) # 保存图片,位置可以选择相对或绝对路径
```

## 2.3.4　更改绘制区域

上面绘制的是全球的叶绿素浓度分布，如果只需要绘制一个区域的叶绿素浓度分布，如图 2-9 所示的中国近海区域，应该如何进行？

学生不妨先根据对上面案例代码的理解进行尝试，所采用的投影是 lambert 投影'lcc'。不难理解，要对一个小区域进行绘制，只需要对画布的区域进行变更即可，即把 Basemap 的 4 个角坐标更换即可，具体指令如下：

```
m=Basemap(llcrnrlat=0,urcrnrlat=45,llcrnrlon=102,urcrnrlon=132, \
projection='mill',resolution='i')
```

用上述投影方案绘制的结果是 miller 投影下中国近海区域叶绿素浓度分布，若需要得到图 2-9 所示 lambert 投影的结果，还需要更改投影方式。另外，lambert 投影需要选定一个中心点，即(lat_0,lon_0)，中心点选择绘制区域的中间点附近即可，具体指令如下：

```
m=Basemap(lat_0=22.,lon_0=117.,llcrnrlat=0,urcrnrlat=45,llcrnrlon=102,\
urcrnrlon=132,projection='lcc',resolution='i')
```

选择好绘制区域和投影方式后,再次按照上述绘制流程重新绘制,即可得到图2-9所示的lambert投影下的中国近海区域叶绿素浓度分布图。

### 2.3.5 更改中心位置

图2-9是以大西洋0°经线为中心的,这是因为在选择投影方式和坐标的过程中经度的范围是[−180,180]。那么如何得到图2-10所示以太平洋180°经线为中心的结果呢?(注意:学生可根据对上面案例代码的理解进行尝试)

首先,可能想到的是和上面绘制中国近海区域的例子一样,对画布的范围进行更改,将经度的范围由[−180,180]修改成[0,360]。但这样只能得到图2-11所示的结果,只有一半的分布图被画了出来。

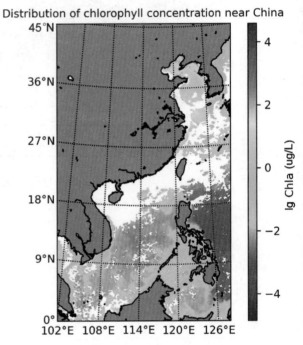

图2-9 拟得到的中国近海区域叶绿素浓度分布图

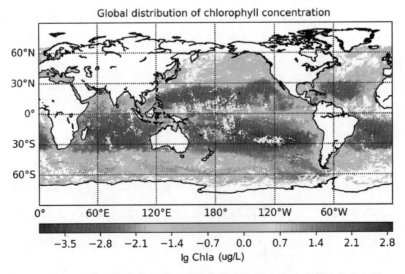

图2-10 拟得到的以太平洋180°经线为中心的全球叶绿素浓度分布图

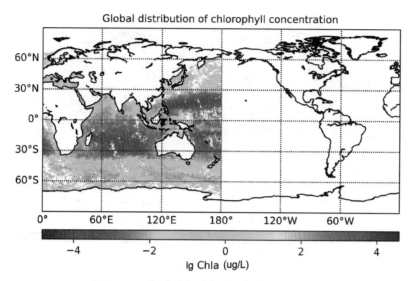

图 2-11 仅对画布更改后程序绘制的结果图

这是因为仅仅调整了画布的范围,却没有对坐标轴和数据进行调整。如果用 print(lons) 去查看经度的值,就会发现经度 lons 的值域是[-180,180],故当将画布的范围调整为 [0,360],只有一半的数据落在画布中。为解决此问题,需要将经度变量 lons 中[-180,0]范 围内的值变化为[180,360],并放到[0,180]之后。相应地,也要将[-180,0]经度对应的叶绿 素浓度数据放到[0,180] 经度对应的叶绿素浓度数据之后(对坐标轴和数据同时进行平移), 具体代码如下:

```
# np.concatenate 用于拼接两个矩阵
lons=np.concatenate((lons[2160:], lons[:2160]+360))
# 将经度数据前一半[-180,0]和后一半[0,180]互换,并将[-180,0]转换为[180,360]
chlor=np.concatenate((chlor[:, 2160:], chlor[:, :2160]), axis=1)
# 将[-180,0]经度对应的叶绿素浓度数据放到[0,180] 经度对应的叶绿素浓度数据之后
```

在执行这两步预处理后,再按照上文介绍的正常绘图流程,即可得到以太平洋180°经线 为中心的结果。我们还可以进一步更改投影方式,具体代码为:

```
m=Basemap(lon_0=-180,projection= 'robin')
```

得到如图 2-12 所示的 Robinson 投影结果(注意:至于为什么中心经度是-180°而非 180°,学生不用过于纠结,这涉及投影方向的正反问题)。

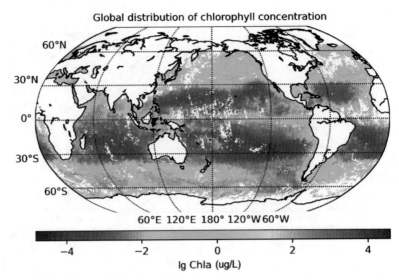

图 2 - 12　调整投影方式后得到的以太平洋 180°经线为中心的全球叶绿素浓度分布图

## 2.4　课堂/课后作业

(1)理解本章中每一句代码的含义,对画图代码进行整理,并在此基础上绘制图 2 - 13 所示的北太平洋叶绿素浓度分布图。

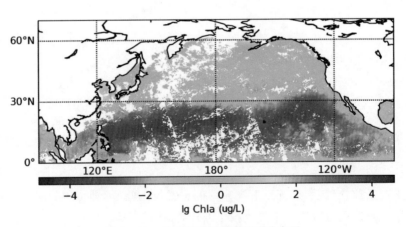

图 2 - 13　北太平洋叶绿素浓度分布图

(2)在 Ocean Color 的网站上(下载本实验数据的网站),下载 MODIS - Terra 在 2012 年 5 月的月平均日间海表温度数据(Sea Surface Temperature 11$\mu$m day time)。查看数据,并回答以下问题:①文件的创建日期是哪一天? ②经度、纬度、海表温度的单位各是什么? ③经度、纬度、海表温度的取值范围各是多少?

(3)利用上述下载的海表温度数据,绘制出以太平洋 180°经线为中心的 2012 年 5 月全球海表平均温度分布图。

# 3 | 实验二 全球海表温度变化分析(Python)

## 3.1 实验目的

(1)熟悉海表温度遥感数据和海表温度的全球时空分布。

(2)初步掌握用 Python 对三维网格化数据进行时空分析的思路。

(3)复习 Python 网格化数据可视化的基本操作。

## 3.2 实验任务

(1)在 https://psl.noaa.gov/data/gridded/tables/sst.html 下载 OISST V2 1990 年至今的海表温度(SST)周分辨率数据(sst.wkmean.1990 - present.nc)。

(2)利用 Python 进行数据的信息查询和读取。

(3)画出 1998 年 SST 平均值和 1990 年至今的 SST 平均值的全球分布图。

(4)给定一个位置,画出该点 1990 年至今的 SST 时间序列,并利用线性拟合计算出该点 SST 上升的线性趋势。

(5)画出 1990 年至今 SST 的变化趋势全球分布图。

## 3.3 实验步骤

### 3.3.1 数据下载

登录 https://psl.noaa.gov/网站,浏览网站信息。找到数据获取页面,按照数据目录找到需要的数据,下载 sst.wkmean.1990 - present.nc,如图 3 - 1 所示。

如果因为某些特殊原因该网站无法访问,本实验提供了一套数据可供使用,数据代码如下。

链接:https://pan.baidu.com/s/1gc7Pg6FWEpWeOCbsc7Qc - A。

TinyURL:https://tinyurl.com/mwmcbpbf。

提取码:ORSE。

下载"sst.wkmean.1990 - present.nc"即可开展后续实验。

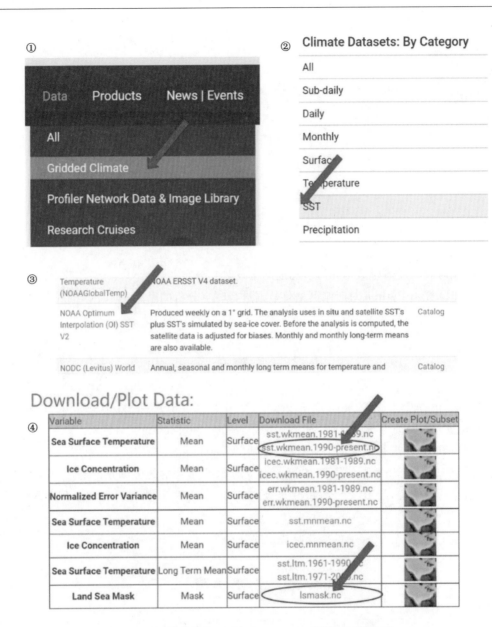

图 3 - 1　网站 https://psl.noaa.gov/的数据下载界面

## 3.3.2　查看并读取数据信息

在 Python 的交互命令行下输入以下内容，对数据信息进行查看：

```
import netCDF4 as nc # 导入库
file=nc.Dataset('sst.wkmean.1990-present.nc')
print(file)  # 读取文件信息
```

得到的结果如下所示：

```
Output from spyder call 'get_namespace_view':
< class 'netCDF4._netCDF4.Dataset'>
root group (NETCDF3_CLASSIC data model, file format NETCDF3):
    title: NOAA Optimum Interpolation (OI) SST V2
    Conventions: CF- 1.0
    history: Created 10/2002 by RHS
     ……
    （部分内容省略）
     ……
    source_url: http://www.emc.ncep.noaa.gov/research/cmb/sst_analysis/
    dimensions(sizes): lat(180), lon(360), time(1590), nbnds(2)
    variables (dimensions): float32 lat (lat), float32 lon (lon), int16 sst (time,
lat, lon), float64 time(time), float64 time_bnds(time, nbnds)
```

　　结果显示了数据的名称、创建时间、来源等基本信息。其中，最后的"dimensions"和"variables"分别记录了数据的维度（坐标轴）和变量信息。该数据的组织结构已经在"1.1.2 NetCDF/HDF 格式"介绍过。从 Python 的查看中也可以看出本数据共包含 4 个维度，分别是 lat、lon、time、nbnds，还有 5 个变量，分别是 lat、lon、sst、time、time_bnds。其中，lat、lon 和 time 是维度变量，sst 是 time、lat、lon 的函数。

　　要进一步了解每个变量的信息，则需要进一步通过以下方式查看：

```
print(file.variables['sst'])                    # 查看变量信息
```

得到的结果如下：

```
< class 'netCDF4._netCDF4.Variable'>
    int16 sst(time, lat, lon)
        long_name: Weekly Mean of Sea Surface Temperature
        unpacked_valid_range: [-5. 40.]
        actual_range: [-1.8  36.16]
        units: degC
        ……
        （部分内容省略）
        ……
```

```
    valid_range: [-500 4000]
unlimited dimensions: time
current shape=(1590, 180, 360)
filling on, default _FillValue of-32767 used
```

变量 sst 是一个三维矩阵,大小为 $360 \times 180 \times 1590$,对应的 3 个维度分别是 time、lat 和 lon,单位是 degC(degC 为摄氏温度单位,ldegC=1℃)。该变量描述了不同时间不同经度、纬度的海表温度。该变量三维矩阵中每一个位置均对应了一个确定的时间、纬度和经度,而该位置的值则对应着该经度、纬度和时间的海表温度值。

用类似的方法可以对其他变量进行查看,其中 time 查看的结果如下:

```
< class'netCDF4._netCDF4.Variable'>
    float64 time(time)
        units: days since 1800-1-1 00:00:00
        ……
        (部分内容省略)
        ……
        bounds: time_bnds
unlimited dimensions: time
current shape=(1590,)
filling on, default _FillValue of 9.969209968386869e+ 36 used
```

其中一个重要的信息是时间的单位是自 1800 年 1 月 1 日 0 点以来的天数。此外,根据"bounds:time_bnds"这个信息可知,这个周平均数据每次平均时间的上下边界存储在变量 time_bnds 中。若对这部分内容还存在疑问,可结合"1.1.2　NetCDF/HDF 格式"内容对数据格式进一步理解。

结合数据信息,将经度、纬度、时间和海表温度信息读入数组中,本实验暂时不用 time_bnds 这一变量,具体代码如下:

```
lon=file.variables['lon'][:]    # 经度
lat=file.variables['lat'][:]    # 纬度
sst=file.variables['sst'][:]    # 海表温度
time=file.variables['time'][:]  # 时间
```

## 3.3.3　全球平均 SST 的分布图

本次尝试画出 1998 年的平均 SST 分布。首先,筛选出 1998 年一整年的 SST 数据,并求其时间平均值。涉及时间的处理,可以使用 Python 的 datetime 扩展包;涉及数值和均值的数据处理,可以采用 Python 的 numpy 扩展包。因此,首先要导入这两个扩展包,导入代码如下:

```python
import numpy as np
import datetime
# 时间单位是 days since 1800- 1- 1 00:00:00(基准时刻)
time1=datetime.date(1998,1,1)-datetime.date(1800,1,1)
# time1 为基准时刻到 1998.1.1 的时间,time1.days 为这一时间对应的天数
time2=datetime.date(1998,12,31)-datetime.date(1800,1,1)
# time2 为基准时刻到 1998.12.31 的时间,time2.days 为这一时间对应的天数
trange=np.where((time>=time1.days)&(time<=time2.days),1,0)
# np.where(a,1,0)的功能是找出满足条件(time>=time1.days)&(time<=time2.days)的
# 矩阵元素多对应的# 位置,trange 的大小和 time 相等,满足条件的位置会被记为 1,不满
# 足的记为 0
sst1998=np.mean(sst[trange==1,:,:],0)
# trange==1 表示选择 trange 值为 1 的索引,":"表示该维度的所有值,故
# sst[trange==1,:,:]就是选出 1998 年所有经度和所有纬度的 SST 数据
# np.mean 用于对矩阵求平均,最后 1 个 0 表示沿着第 0 个维度(时间)求平均
# 若最后一个数改成 1,则是对第一个维度(纬度)求平均
```

对于一个矩阵的大小,可以用矩阵名". shape"来查看。例如输入"sst1998. shape"即可发现 sst1998 是一个 $180 \times 360$ 的矩阵;也可以查看 trange、time 的大小,或将"sst1998＝np. mean(sst[trange==1,:,:],0)"改为"sst1998＝np. mean(sst[trange==1,:,:],1)"后看看 sst1998 的大小($52 \times 360$,因为 1998 年中有 52 周)。

在此基础上,对 sst1998 进行绘图,同时复习上一章内容,网格化数据绘制前需要用 np. meshgrid对网格进行编织。然后用下面的代码对 1998 年的 SST 分布进行绘制,有了上一章的基础,这些绘图的代码应该不会存在难度。唯一的小区别是这里采用了 m. contourf 进行填充等值线的绘制。具体代码如下:

```python
from mpl_toolkits.basemap import Basemap
import matplotlib.pyplot as plt
# 获取地图中心经纬度坐标 lat0 和 lon0
```

```
# 对经纬度网格化
lons, lats=np.meshgrid(lon, lat)
# 画图
m=Basemap(lat_0=lat0, lon_0=lon0)# 不指定投影方式则采用 cyl 圆柱等距投影,此
# 投影方式下不需要 lons,lats= m(lons,lats)对坐标进行转换
cs=m.contourf(lons,lats,sst1998,range(0,35,1),cmap='jet')
# 绘制填充的等值线,range(0,35,1)表示从 0~35 每隔 1 绘制一条等高线
cbar=m.colorbar(cs,pad='10%',label='Sea Surface Temperature(degC)')
# colorbar
# 为地图添加海岸线和经纬网格
m.drawparallels(np.arange(-90.,91.,20.),labels=[1,0,0,0],fontsize=10)
m.drawmeridians(np.arange(-180.,181.,40.),labels=[0,0,0,1], fontsize=10)
m.drawcoastlines()
m.fillcontinents()
plt.title('Global Mean SST in 1998')   # 添加标题
plt.show()
```

得到的结果如图 3-2 所示。

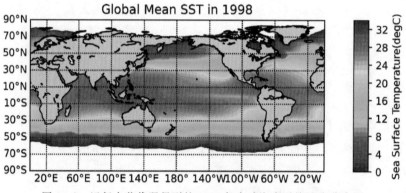

图 3-2　运行本节代码得到的 1998 年全球海表平均温度分布图

注:"Sea Surface Temperature (degC)"表示海表温度(℃),简写为 SST,后同;

"Global Mean SST"表示全球海表平均温度。

可尝试对代码修改,画出 1999 年的全球平均 SST 和 1990—2019 年的全球平均 SST。结果如图 3-3 和图 3-4 所示。

从上述结果看,1998 年和 1999 年的平均 SST 差距似乎并不大。这是因为 SST 的年际变化范围(1~2℃)相比于 SST 的空间变化范围(超过 30℃)太小,因此从图中难以看出不同时间的显著差异。因此,可以进一步分别尝试画出 1998 和 1999 年的 SST Anomaly(距平),即某年平均值与多年平均值(1990—2019)的差值。不难发现,1998 年(El Nino 年)和 1999 年(La Nina)的温度存在显著区别。假设 sst1998、sstall 分别是 1998 年和多年的 SST 平均值,

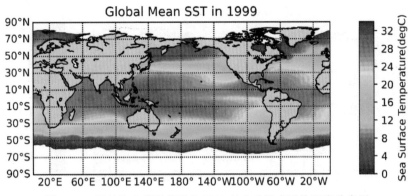

图 3-3　通过修改代码得到的 1999 年全球海表平均温度分布图

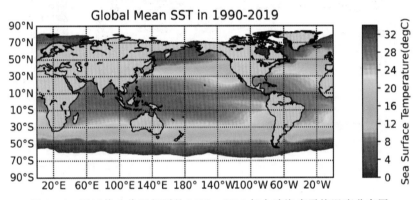

图 3-4　通过修改代码得到的 1990—2019 年全球海表平均温度分布图

就可以画出距平的分布，具体代码如下：

```
cs=m.contourf(lons,lats,sst1998-sstall,np.arange(-2,2,0.1),cmap='jet')
```

得到结果如图 3-5 所示。

## 3.3.4　某点 SST 时间序列与变化趋势

从数据中，可以获得任何一个经纬度坐标不同时间的 SST 值，构成了一个时间序列。利用线性拟合的方法，将拟合结果写为 $y=kx+b$，$y$ 代表海表温度，$x$ 代表时间，$k$ 可以反映温度随时间变化的速率，$b$ 为常数项。Python 中的线性拟合可以通过函数 polyfit 进行。

选取东经 173.5°北纬 20.5°进行分析，结合这一点的海表温度时间序列，画出拟合结果。选择东经 173.5°北纬 20.5°，首先要找到这个经纬度所对应的坐标位置。可以将变量 lon、lat 都打印出来看一下东经 173.5°和北纬 20.5°分别在这两个矩阵的什么位置，通过 print(lon) 和 print(lat)分别得到以下结果：

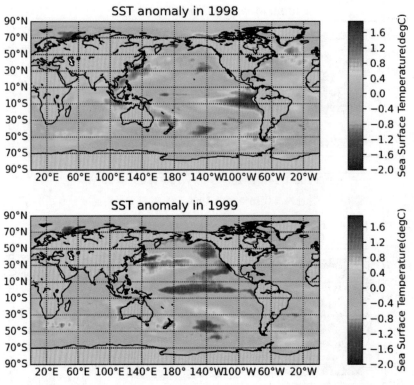

图 3-5　通过修改代码得到的 1998 年(上)和 1999 年(下)全球海表平均温度距平分布图

```
lon:
masked_array(data=[0.5, 1.5, 2.5, 3.5, 4.5, 5.5, 6.5, ..., 353.5, 354.5, 355.5, 356.5,
357.5, 358.5, 359.5], mask= False, fill_value=1e+20, dtype=float32)
lat:
masked_array(data=[89.5, 88.5, 87.5, 86.5, 85.5, 84.5, 83.5, ..., -82.5, -83.5, -84.5,
-85.5, -86.5, -87.5, -88.5, -89.5], mask=False, fill_value=1e+20, dtype=float32)
```

可以发现东经 173.5°(173.5)在 lon 的第 173 个索引位置(注意 0.5 是第 0 个),北纬 20.5°在 lat 的第 69 个索引位置。东经 173.5°北纬 20.5°的 SST 时间序列就是 sst[:,69,173]。除了人工数数这样的"笨办法",还可以用 np.where 的方法找到对应的索引。通过以下代码:

```
print(np.where(lon==173.5))
print(np.where(lat==20.5))
```

也可以得到对应 lon、lat 中的坐标 173 和 69,运行结果如下:

```
(array([173], dtype=int64),)
(array([69], dtype=int64),)
```

**通过这一坐标,找出对应的 SST 序列时空范围:**

```
time1=(datetime.date(1990,1,1)-datetime.date(1800,1,1)).days
# 1990.1.1 距起始时刻的天数
time2=(datetime.date(2019,12,31)-datetime.date(1800,1,1)).days
# 2019.12.31 距起始时刻的天数
trange9019=np.where((time>=time1)&(time<=time2),1,0)
time9019=time[trange9019==1]
# 在 time 中选择 1990—2019 年的时间范围
sst9019=np.squeeze(sst[trange9019==1,69,173])
# 173.5°E, 20.5°N 1990—2019 年的 SST 时间序列,np.squeeze 的左右是把一个 N×1×1 的
# 三维矩阵变成一个长度为 N 的一维矩阵
```

**对 SST 序列随时间进行线性回归,代码如下:**

```
reg=np.polyfit(time9019, sst9019, 1)
# 将 time9019 作为 x,sst9019 作为 y 进行线性回归,最后的 1 表示 1 次回归,如果改成 2
# 则是用 2 次函数 y=kx^2+jx+b 进行拟合
# 相当于用 y=reg[0]*x+reg[1]拟合 斜率的单位是°C/d(由 x 和 y 的单位决定)
ry=np.polyval(reg, time9019)
# 把 time9019 作为自变量带入回归方程,得到回归线上不同 x 对应的 y 值
```

**绘制时间序列及回归直线,代码如下:**

```
fig, ax=plt.subplots(1,1,figsize=(8,4))
# 通过上面的方法可以自定义画布的大小
time9019_date=[datetime.datetime(1800,1,1)+datetime.timedelta(days= \
          time9019 [i]) for i in range(0,len(time9019))]   # 不换行
# 用 datetime 中的 timedelta 函数,将 time9019 中距离起始时刻的天数,转化为时间,
# 这段代码用如下的循环完成亦可:
# time9019_date=[]  # 定义一个空列表存储时间
```

```
#  for i in range(0,len(time9019)):      # 把每个时刻的天数转成时间
#     time9019_date.append(datetime.datetime(1800,1,1)+ \
#     datetime.timedelta(days=time9019[i]))      # 不换行
ax.plot(time9019_date, sst9019,'b')# 蓝色,绘制时间序列
ax.plot(time9019_date, ry,'r')# 红色,绘制回归直线
plt.xlabel('Year',fontsize=11)
plt.ylabel('SST(℃)',fontsize=11)
plt.legend(['SST','Linear Fit'],loc= 'upper right')
plt.show()
```

从运行的结果图 3-6 中可以看到 SST 显著的季节变化,且随着时间变化存在显著的总体上升趋势。如果对 reg[0]的值进行检视,发现该点的海表温度以 $6.673×10^{-5}$℃/d 的速率上升,将这个数乘以 365.25(平均每年的天数),就得到平均每年上升的度数,大约是 0.024℃/a,也就是在近 30 年平均增长了 0.72℃ 左右。在实际进行趋势分析的时候,有时候先要排除季节信号的影响,如对数据以年为单位进行滑动平均等。有兴趣的学生可以尝试,看看结果是否有显著不同。

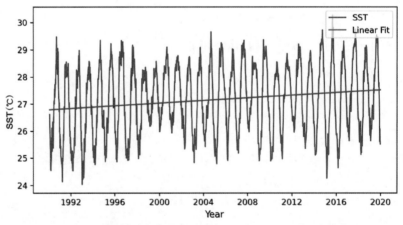

图 3-6　利用本节代码绘制的东经 173.5°北纬 20.5°海表温度的
时间序列(蓝线)及线性拟合结果(红线)

## 3.3.5　全球 SST 变化的趋势分布图

全球 SST 变化的趋势的计算思路是利用循环,遍历所有经纬度,然后逐一计算各点的 SST 变化趋势,计算代码如下:

```
trendsst=np.zeros((180,360))
# 先定义一个矩阵存储各网格点的 SST 变化趋势
for n in range(0,180):
```

```
for m in range(0,360):
    # 两层循环,180 个经度和 360 个纬度,然后逐点计算
    sst1=np.squeeze(sst[trange2==1,n,m])
    p=np.polyfit(time9019, sst1,1)
    trendsst[n,m]=p[0]*365.25   # 拟合直线的斜率即趋势,并转换成℃/a
```

对得到的 trendsst 矩阵绘制,即可得到图 3-7 所示的全球 SST 变化趋势。

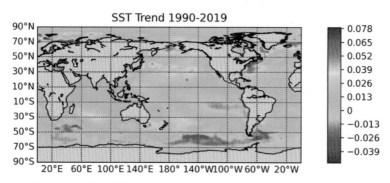

图 3-7　利用本节代码绘制的全球 SST 在 1990—2019 年期间的变化趋势(单位℃/a)

# 3.4　课堂/课后作业

(1)画出 1998 年和 1999 年的 SST 差值,主要的差异集中在哪些区域,试分析原因。

(2)绘制 1990—2019 年全球不同位置 SST 的最大值和最小值,以及最大值与最小值差值的分布,并描述分布的特征,试分析原因。最大值和最小值的计算函数(np. max、np. min)与 np. mean 用法类似。

(3)绘制 1990—2019 年全球不同位置 SST 的标准差,并描述分布特征。

(4)选取 140.5°W 经线上 5 个不同纬度(0.5°N、20.5°N、40.5°N、60.5°N、80.5°N)的点,在同一张图上画出 5 个点 1990—2000 年的海表温度变化曲线,并简要回答为什么会呈现这样的变化。参考代码(注意:注释已删除,重点思考各位置的索引是如何找到的)如下:

```
import matplotlib.pyplot as plt
import numpy as np
import datetime
import netCDF4 as nc
file=nc.Dataset('sst.wkmean.1990-present.nc')
lon=file.variables['lon'][:]
lat=file.variables['lat'][:]
```

```
sst=file.variables['sst'][:]
time=file.variables['time'][:]
time1=datetime.date(1990,1,1)-datetime.date(1800,1,1)
time2=datetime.date(2000,12,31)-datetime.date(1800,1,1)
trange=np.where((time>=time1.days)&(time<=time2.days),1,0)
time9000=time[trange==1]
sst0=sst[trange==1,89,219]
sstN20=sst[trange==1,69,219]
sstN40=sst[trange==1,49,219]
sstN60=sst[trange==1,29,219]
sstN80=sst[trange==1,9,219]
time9000_date=[datetime.datetime(1800,1,1)+datetime.timedelta(days= \
          time9000[i]) for i in range(0,len(time9019))]
plt.plot(time9019_date,sst0,color= "red",label= "0°")
plt.plot(time9019_date,sstN20,color= "black",label= "20°N")
plt.plot(time9019_date,sstN40,color= "yellow",label= "40°N")
plt.plot(time9019_date,sstN60,color= "blue",label= "60°N")
plt.plot(time9019_date,sstN80,color= "green",label= "80°N")
plt.xlabel("year")
plt.ylabel('SST (°C)')
plt.legend()
plt.show()
```

参考执行结果如图 3-8 所示。

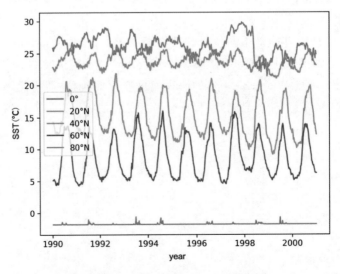

图 3-8　1990—2000 年 140.5°W 经线上 5 个不同纬度(0.5°N、20.5°N、
40.5°N、60.5°N、80.5°N)点的海表温度变化曲线

(5)如果上题未能独立解出,那么在理解上述示例代码后,另选取 160.5°W 经线上 5 个不同纬度(60.5°S、30.5°S、0.5°N、30.5°N、60.5°N)点,在同一张图上画出 5 个点 1990—2000 年的海表温度变化曲线,并简要回答为什么会呈现这样的变化。参考结果见图 3 - 9。

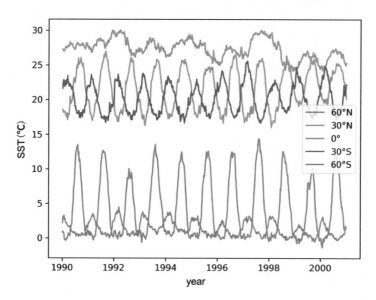

图 3 - 9 1990—2000 年 160.5°W 经线上 5 个不同纬度(60.5°S、30.5°S、
0.5°N、30.5°N、60.5°N)点的海表温度变化曲线

(6)本实验的在线文件夹中,提供了一个名为"ww3.201001_wnd.nc"的文件,该文件是美国国家环境预测中心(NCEP)气候预测系统再分析数据产品中 2010 年 1 月的逐小时全球海表面风场数据。试用该数据绘制出以下内容:①2010 年 1 月全球平均风速的分布;②2010 年 1 月全球平均风速的变化趋势(此趋势无物理意义,在此绘制只为了数据处理练习的需要);③选取 150°W 50°S 这一点,在同一张图上画出 2010 年 1 月的风速曲线。参考结果具体见图 3 - 10~图 3 - 12。

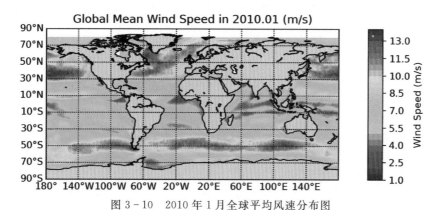

图 3 - 10 2010 年 1 月全球平均风速分布图

注:"Global Mean Wind Speed in 2010.01(m/s)"表示 2010 年 1 月全球评价风速(m/s),
"Wind Speed(m/s)"表示风速(m/s)。

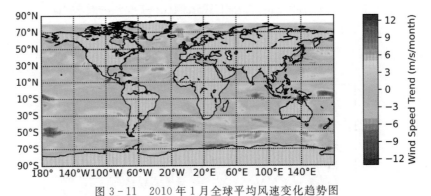

图 3-11　2010 年 1 月全球平均风速变化趋势图

注："Wind Speed Trend(m/s/month)"表示风速趋势[m/(s・month)]。

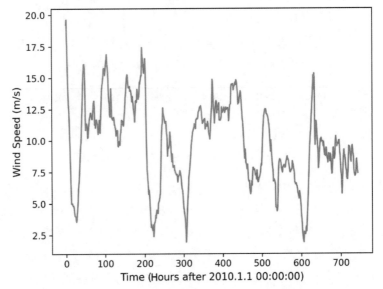

图 3-12　150°W 50°S 一点 2010 年 1 月风速曲线

注："Wind Speed(m/s)"表示风速(m/s)，"Time Hours after 2010.1.1 00:00:00"

表示 2010 年 1 月 1 日 00:00:00 过后的小时数。

# 4 实验三 散射计沿轨风场数据处理(Python)

## 4.1　实验目的

(1)掌握用 Python 对 HDF5(.h5)格式数据的信息查询与读写。

(2)学会查看数据说明文档。

(3)掌握用 Python 对以散射计数据为代表的沿轨数据及以风场为代表的矢量数据进行可视化的基本操作。

## 4.2　实验任务

(1)阅读 HY-2B 散射计风场产品用户手册,通过数据手册理解数据的组织方式。

(2)利用 Python 查阅文件中的信息。

(3)对卫星散射计测得的沿轨标量数据(风速)的空间分布进行可视化。

(4)对卫星散射计测得的沿轨矢量数据(风向)的空间分布进行可视化。

(5)将数据中的关键信息用 CSV 的格式输出。

## 4.3　实验步骤

### 4.3.1　数据下载

本实验所用的数据可以从国家卫星海洋应用中心的中国海洋卫星数据服务系统免费下载,网址是 https://osdds.nsoas.org.cn/。本实验用到的数据是海洋 2 号 B 星(HY-2B)在 2020 年 4 月 15 日获取的 13 轨 Level 2-B(L2B)数据,轨道编号分别是 07352~07364,即文件名包括从"H2B_OPER_SCA_L2B_OR_20200415T014106_20200415T032530_07352_pwp_250_04_owv"到"H2B_OPER_SCA_L2B_OR_20200415T223433_20200416T001857_07364_pwp_250_04_owv"。数据亦可以从本实验的网盘链接下载,来源如下。

链接:https://pan.baidu.com/s/1gc7Pg6FWEpWeOCbsc7Qc-A。

TinyURL:https://tinyurl.com/mwmcbpbf。

提取码:ORSE。

下载文件夹中的"散射计数据.zip"并解压后即可开展后续实验。解压的文件夹中除了数据本身外,还有本数据的数据手册。该手册详细记载了 HY－2B 的卫星轨道参数、数据处理方式、数据产品文件格式、变量名称以及相应含义。在正式开始后续数据处理前,需认真浏览数据说明。

## 4.3.2　查看并读取数据信息

上述数据手册中详细地介绍了数据的各类属性和变量,在此用 h5py 拓展包对数据进行读取,并在 Python 中也查看一下文件的属性信息和变量信息。h5py 中可以通过".keys()"类来找到根目录下的所有 dataset 和 group 的 key,然后通过 key 来访问各个 dataset 或 group 对象。文件和变量的属性,则通过相应的 attrs 类访问,具体代码如下:

```python
import h5py    # 导入库
f=h5py.File("H2B_OPER_SCA_L2B_OR_20200415T014106_20200415T032530_07352_pwp_250_04
_owv.h5","r")        # 不换行


# 查看 h5 文件属性
for k in f.attrs.keys():
        print('{}=>{}'.format(k, f.attrs[k]))


# 查看 h5 变量信息
for key in f.keys():
    print('\n')
    print(f[key], key, f[key].name) #  变量基本信息
    #  变量属性
    for k in  f[key].attrs.keys():
        print(k,f[key].attrs[k])
```

得到相应的信息如下:

```
Ancillary_Data_Descriptor =>[b'N1D04141200041415001;N1D04141200041418001;
N1D04141200041421001;N1D04141200041500001;N1D04141200041503001;
N1D04141200041506001;lsm_hires.grib;ice_edge_nh_polstere-100_multi_202004131200.
nc;ice_edge_sh_polstere-100_multi_202004131200.nc;']
Ephemeris_Type=>[b'GPS Data']
……
(信息较多,部分内容省略)
……
```

```
Short_Name=>[b'HY-2B-SCAT-L2B-25km']
Sigma0_Granularity=>[b'whole pulse']
WVC_Size=>[b'25000m* 25000m']
< HDF5 dataset "max_likelihood_est": shape (1624, 76, 4), type "< i2"> max_
likelihood_est /max_likelihood_est
add_offset [0.]
fill_value [-32767]
scale_factor [0.01]
units [b'nan']
valid_range [[    0] [32767]]
……
（信息较多，部分内容省略）
……
< HDF5 dataset "wvc_selection": shape (1624, 76), type "|i1"> wvc_selection /wvc
_selection
add_offset [0.]
fill_value [0]
scale_factor [1.]
units [b'count']
valid_range [[1] [4]]
```

HDF5 的数据组织结构与 NetCDF 非常相似。建议结合数据手册对上述信息进行解读。本实验需要用到的信息包括不同观测时间观测到数据的经纬度以及对应的风速和风向信息，结合数据手册说明，变量名称分别是"wvc_lon""wvc_lat""wvc_row_time""wind_speed_selection""wind_dir_selection"。利用以下代码进行读取：

```
lon=f['wvc_lon'][:]    # 读取经度
lat=f['wvc_lat'][:]    # 读取纬度
obs_time=f['wvc_row_time'][:]    # 读取观测时间
speed=f['wind_speed_selection'][:]    # 读取风速
direction=f['wind_dir_selection'][:]    # 读取风向
```

## 4.3.3　标量数据绘制

首先画出每次观测所对应的时间，以对散射计的观测方式有更加清晰的认识。对数据进行检视，不难发现 obs_time 的大小是（1624,），而 lon、lat、speed 和 direction 的大小都是

（1624，76）。根据对宽刈幅传感器（例如散射计）的认识可知，1 个时刻可以扫描"1 行"76 个观测值。为了后续画图需要，故对 obs_time 进行"各行"扩展，使之其余 4 个矩阵大小一致。此外，数据中的时间是以字符串格式存储的，根据字符串各位所表达的含义，将其转换为 datetime 格式，再进一步转换为距离起始观测时刻的秒数。数据预处理与绘图代码如下：

```python
import numpy as np
import datetime
from mpl_toolkits.basemap import Basemap
import matplotlib.pyplot as plt

# 将 time_obs 字符串格式的时间转换为 datetime 的时间
# \是续行号，一行代码太长时写到下一行
time_obs=[datetime.datetime (int(obs_time[i][0:4]),int(obs_time[i][4:6]),\
                    int(obs_time[i][6:8]),int(obs_time[i][9:11]),\
                    int(obs_time[i][12:14]),int(obs_time[i][15:17]))\
          for i in range(0,len(obs_time))]
# 原 obs_time[0]为'20200415T01:41:06   0-3位：年   4-5位：月……
# 转换后变成 datetime.datetime(2020, 4, 15, 1, 41, 6)
# 和下面循环的代码作用相同
# time_obs=[]
# for i in range(0,len(obs_time)):
#     time_obs.append (datetime.datetime(int(obs_time[i][0:4]),\
#               int(obs_time[i][4:6]), int(obs_time[i][6:8]),\
#               int(obs_time[i][9:11]),int(obs_time[i][12:14]),\
#               int(obs_time[i][15:17])))


# # 将时间转换为距离第一个数据时刻的秒数
time0=time_obs[0]
second_obs=[(time_obs[i]-time0). total_seconds() \
          for i in range(0,len(time_obs))]
# 此代码也可以用循环完成，可仿照上述案例自行尝试


# 用 np.tile 对时间变量 second_obs 进行"各行"扩展使之大小变成(1624,76)
second_obs=np.tile(second_obs,(76,1)).T    # .T 表示矩阵转置
# 保持维数与经纬度相同，此时 second_obs 的维度是(1624,76)，np.shape 可查看
# 用 reshape 将时间信息 second_obs 处理成一维矩阵，可再用 np.shape 查看一下
# 后面画图用的 m.scatter 函数只能对一维矩阵进行绘制，故要进行转换
second_obs=second_obs.reshape(1624* 76,order= 'F')
```

```
lon=lon.reshape(1624* 76,order= 'F')        # 经度信息处理成列向量
lat=lat.reshape(1624* 76,order= 'F')         # 纬度信息处理成列向量
# # # 绘图
m=Basemap(lat_0= 0, lon_0= 180)


m.drawcoastlines() # 为地图添加上海岸线
m.fillcontinents(color= '0.75')
m.drawmeridians(np.arange(0., 361.,40.), labels=[0,0,0,1], fontsize=12)
m.drawparallels(np.arange(-90., 91.,30.), labels=[1,0,0,0], fontsize=12)
c=m.scatter(lon, lat,s=0.5,c=second_obs)
cbar=m.colorbar(c,location= 'bottom', pad= '20% ',\
label= 'Time since the first observation of the dataset (Seconds)')
plt.show()
```

得到的结果如图 4-1 所示,从图中时间的变化顺序可以看出卫星运行的轨道方向。

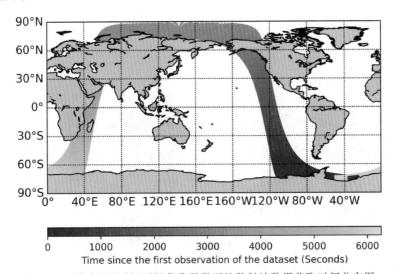

图 4-1　利用观测时间可视化代码得到的散射计数据获取时间分布图

注:"Time since the first observation of the dataset(Seconds)"表示自数据集中第一个观测起经过的时间(s)。

利用类似的方法也可以对任务中的风速数据进行可视化。但需要注意,根据用户手册,"wind_speed_selection"是风速乘以 100 后得到的值,需要对其除以 100 得到符合物理意义的风速测量值。此外,风速数据中存在无效值-32767,需要对此无效值进行删除(可以尝试不删除此无效值,看看会得到什么样的结果)。风速数据可视化具体代码如下:

```
speed=np.array(speed.reshape(1624* 76,order='F'))/100
# 风速信息处理成列向量并比例还原
direction=np.array(direction.reshape(1624* 76,order='F'))/10
# 风速信息处理成列向量并比例还原
# 删除无效数据(风速< 0m/s)先用 np.where 找出无效值的位置 然后用 np.delete 删除即可
i=np.where(speed<0)[0]
lon=np.delete(lon,i,0)
lat=np.delete(lat,i,0)
speed=np.delete(speed,i,0)
direction=np.delete(direction,i,0)
m=Basemap(lat_0=0, lon_0=180)
m.drawcoastlines()
m.fillcontinents(color='0.75')
m.drawmeridians(np.arange(0., 360.,40.), labels=[0,0,0,1], fontsize=10)
m.drawparallels(np.arange(-90., 90., 20.), labels=[1,0,0,0],fontsize=10)
c=m.scatter(lon, lat,s=0.1,c=speed, vmin=3, vmax=17)
# 指定 3~17m/s 的绘制范围(范围外的数据很少)
cbar=m.colorbar(c, pad='10%',label='Surface Wind Speed (m/s)')
plt.show()
```

得到的结果如图 4-2 所示。

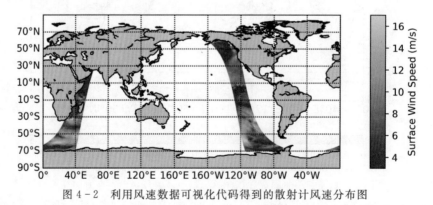

图 4-2　利用风速数据可视化代码得到的散射计风速分布图

注:"Surface Wind Speed(m/s)"表示表面风速(m/s)。

　　注意:上述代码中存在很多使用处理后的变量替换原变量的情况,这样虽然可以节约部分内存,但会让代码更容易出错。在理解代码内容后,是否可以尝试优化上面的代码,使之能够更稳定运行?

　　在此基础上,可以用循环的方法逐一画出文件夹中 13 个文件的时间和风速。可以用 Python 的 os 库中的 os.listdir 列出一个文件夹中的所有文件。参考代码如下:

```
import h5py
import numpy as np
import datetime
from mpl_toolkits.basemap import Basemap
import matplotlib.pyplot as plt
import os
pathDir=os.listdir()  # 列出文件夹中的所有文件
# 注:若工作目录不在数据目录下,可以 os.listdir('文件夹路径')


# # # 先把画布和投影设置好,然后在这张画布上多次绘制
m=Basemap(llcrnrlon=0,llcrnrlat=-80,urcrnrlon=360,urcrnrlat=80,\
          projection='mill',resolution='l')
m.drawcoastlines()# 为地图添加上海岸线
m.fillcontinents(color='0.75')
m.drawmeridians(np.arange(0., 361.,40.), labels=[0,0,0,1], fontsize=10)
m.drawparallels(np.arange(-90., 91., 30.), labels=[1,0,0,0], fontsize=10)


# 通过循环逐一读取文件并绘制
for FName in pathDir:
    if FName[-3:]! = ".h5":
        continue      # 只读取 hdf 文件
    f=h5py.File(FName)
    lon=f['wvc_lon'][:]
    lat=f['wvc_lat'][:]
    obs_time=f['wvc_row_time'][:]
    speed=f['wind_speed_selection'][:]
    direction=f['wind_dir_selection'][:]
    # 注意各文件的中变量的大小不同,并不都是 1624*76,直接通过 .shape 获取其大小
    speed_1d=np.array(speed.reshape(lon.shape[0]*lon.shape[1],\
                    order='F'))/100
    lon_1d=lon.reshape(lon.shape[0]*lon.shape[1],order='F')
    lat_1d=lat.reshape(lon.shape[0]*lon.shape[1],order='F')
    i=np.where(speed_1d<0)[0]
    lon_1d=np.delete(lon_1d,i,0)
    lat_1d=np.delete(lat_1d,i,0)
    speed_1d=np.delete(speed_1d,i,0)
```

```
    lon_1d,lat_1d=m(lon_1d,lat_1d)
    c=m.scatter(lon_1d, lat_1d,s=0.1,c=speed_1d,vmin=3,vmax=17)
# 完成所有文件的绘制后,添加 colorbar
cbar=m.colorbar(c, pad='10%',label='Surface Wind Speed (m/s)')
plt.savefig('fig.jpg',dpi=600) # 文件保存
```

结果如图 4 - 3 所示。

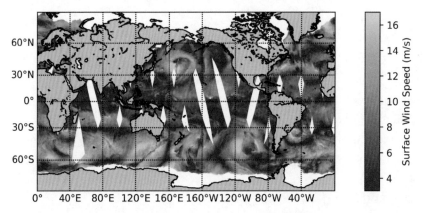

图 4 - 3　通过风速数据可视化代码中添加循环得到的多个文件(多轨)散射计风速分布图

除对文件进行逐一读取绘图的方法以外,还可以一次性把所有的文件先读取到内存中,然后再一起进行绘图。例如对各点观测时间的绘制,由于各文件中的上限、下限都不一样,采用上面 13 个文件逐一绘制的思路所需要的数据预处理工作量会稍大一些。下面的案例展示了另一种思路下绘制文件夹中 13 个文件中各点观测时间的方法,具体代码如下:

```
import h5py
import numpy as np
import datetime
from mpl_toolkits.basemap import Basemap
import matplotlib.pyplot as plt
import os
pathDir=os.listdir()    # os.listdir('文件夹路径')

lon_all=np.zeros((0,))    # 建立 3 个空矩阵存储拼接的数据
lat_all=np.zeros((0,))
time_all=np.zeros((0,))
time0=datetime.datetime(2020,4,15,0,0,0)    # 任选一个起始时刻
for FName in pathDir:
```

```
    if FName[-3:]! = ".h5":
        continue    # 只读取 hdf 文件
    f=h5py.File(FName)
    Rat=3
    lon=f['wvc_lon'][::Rat,::Rat]
    lat=f['wvc_lat'][::Rat,::Rat]
    obs_time=f['wvc_row_time'][::Rat]
    # 读取数据的同时对数据进行抽稀,即每隔 Rat 个数据取一个数,虽然会漏画一些点但
    # 可以提高绘制的效率   对于后面风向的绘制,该抽稀步骤非常重要
    time_obs=[datetime.datetime(int(obs_time[i][0:4]),\
            int(obs_time[i][4:6]),int(obs_time[i][6:8]),\
            int(obs_time[i][9:11]),int(obs_time[i][12:14]),\
            int(obs_time[i][15:17])) for i in range(0,len(obs_time))]
    second_obs=[(time_obs[i]-time0).seconds/60. \
            for i in range(0,len(time_obs))]
    # 时间格式转换为距离起始时刻的分钟数
    second_obs=np.tile(second_obs,(lon.shape[1],1)).T
    lon_1d=lon.reshape(lon.shape[0]*lon.shape[1],order='F')   # 一维矩阵
    lat_1d=lat.reshape(lon.shape[0]*lon.shape[1],order='F')
    second_obs_1d=second_obs.reshape(lon.shape[0]*lon.shape[1],order='F')
    lon_all=np.concatenate((lon_all,lon_1d))
    lat_all=np.concatenate((lat_all,lat_1d))
    time_all=np.concatenate((time_all,second_obs_1d))
m=Basemap(llcrnrlon=0,llcrnrlat=-80,urcrnrlon=360,urcrnrlat=80,\
        projection='mill',resolution='l')
m.drawcoastlines()   # 为地图添加上海岸线
m.fillcontinents(color='0.75')
m.drawmeridians(np.arange(0., 361.,40.), labels=[0,0,0,1], fontsize=12)
m.drawparallels(np.arange(-90., 91., 30.), labels=[1,0,0,0], fontsize=12)
lon_all,lat_all=m(lon_all,lat_all)
c=m.scatter(lon_all, lat_all,s=0.5,c=time_all)
cbar=m.colorbar(c,location='bottom', pad='10%',\
            label='Time since 2020-04-15 00:00:00 (Minutes)')
plt.show()
```

运行结果如图 4-4 所示。

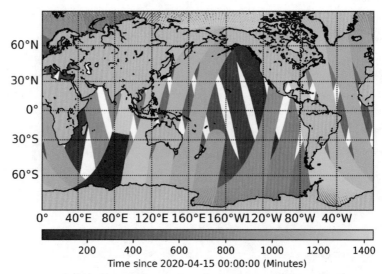

图 4-4　通过观测时间可视化代码中添加循环得到的多轨散射计观测时间分布图

注：“Time since 2020-04-15 00：00：00（Minutes）”表示自 2020-04-15 00：00：00 经过的时间（min）。

## 4.3.4　矢量数据绘制

下一步拟对风向数据进行绘制。根据用户手册资料，“wind_dir_selection”是风向乘以 10 后得到的值，需要对其除以 10 得到符合物理意义的风向测量值。当然也可以通过不同的颜色来表示不同的风向，但这样的方法并不直观。通常，采用矢量箭头或风羽图来表示风向。在这里利用矢量箭头的指向来表示风向，同时在箭头下面保留风速的分布。矢量箭头的绘制，可用 matplotlib 的 quiver 函数进行。但从图 4-3 中可以看出，数据在全球地图上的分布是很密集的，如果每一个数据点都绘制一个箭头，则会导致箭头太密集，无法从图中获取信息。因此，在绘制风向时，通常会对数据进行“抽稀”操作，即人为地降低数据分辨率，从而使箭头之间不重叠。风速和风向数据可视化代码如下：

```
# 导入库部分的代码省略
f=h5py.File("H2B_OPER_SCA_L2B_OR_20200415T014106_20200415T032530_07352_pw
p_250_04_owv.h5","r")      # 不换行
lon=f['wvc_lon'][:] # 读取经度
lat=f['wvc_lat'][:] # 读取纬度
direction=f['wind_dir_selection'][:]/10. # 读取风向
speed=f['wind_speed_selection'][:]/100. # 读取风速
# 数据抽稀，对风向抽稀的同时也要对风向对应的风速和经纬度抽稀
# 抽稀风速是为了删除无效值风速下的无效风向
rat=10
lon1=lon[::rat,::rat]
```

```
lat1=lat[::rat,::rat]
dir1=direction[::rat,::rat]
speed1=speed[::rat,::rat]
# 分别将抽稀前后数据都转换为一维矩阵
lon_1d=lon.reshape(lon.shape[0]*lon.shape[1],order='F')
lat_1d=lat.reshape(lon.shape[0]*lon.shape[1],order='F')
speed_1d=speed.reshape(lon.shape[0]*lon.shape[1],order='F')
lon1_1d=lon1.reshape(lon1.shape[0]*lon1.shape[1],order='F')
lat1_1d=lat1.reshape(lon1.shape[0]*lon1.shape[1],order='F')
dir1_1d=dir1.reshape(lon1.shape[0]*lon1.shape[1],order='F')
speed1_1d=speed1.reshape(lon1.shape[0]*lon1.shape[1],order='F')
dir1_1d=np.array(dir1_1d)/360* 2* np.pi # 角度转为弧度便于计算


# 分别删除抽稀前后无效数据 风速<0m/s
i=np.where(speed_1d<0)[0]
lon_1d=np.delete(lon_1d,i,0)
lat_1d=np.delete(lat_1d,i,0)
speed_1d=np.delete(speed_1d,i,0)
i=np.where(speed1_1d<0)[0]
lon1_1d=np.delete(lon1_1d,i,0)
lat1_1d=np.delete(lat1_1d,i,0)
speed1_1d=np.delete(speed1_1d,i,0)
dir1_1d=np.delete(dir1_1d,i,0)


m=Basemap(llcrnrlon=0,llcrnrlat=-80,urcrnrlon=360,urcrnrlat=80,\
          projection='mill',resolution='l')
m.drawcoastlines()
m.fillcontinents(color='0.75')
m.drawmeridians(np.arange(0., 361.,40.), labels=[0,0,0,1], fontsize=12)
m.drawparallels(np.arange(-90., 91., 30.), labels=[1,0,0,0], fontsize=12)
# 风速绘制同前面
lon_1d,lat_1d=m(lon_1d,lat_1d)
c=m.scatter(lon_1d, lat_1d,s=0.1,c=speed_1d,vmin=3,vmax=17,cmap='jet')
cbar=m.colorbar(c,location='bottom', pad='10%',\
          label='Surface Wind Speed (m/s)')
# 风向绘制,先计算风向对应的单位矢量在 x 和 y 方向上的分量
```

```
x_comp=np.sin(dir1_1d)
y_comp=np.cos(dir1_1d)
lon1_1d,lat1_1d=m(lon1_1d,lat1_1d)
m.quiver(lon1_1d, lat1_1d, x_comp, y_comp,scale=80,\
        width=0.001,headlength=1.2)
plt.title('Wind Speed and Direction',fontsize=14)
```

结果如图4-5所示。

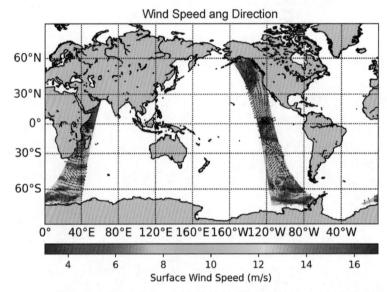

图4-5　利用风速和风向数据可视化代码得到的散射计风速及风向分布图

## 4.3.5　文件格式转换

对数据进行格式转换和暂存能够使学生在下一次使用数据前更方便地进行数据的读取，在此将数据转换成一个CSV格式的文件。对Python中字典功能熟悉的学生，也可以尝试将数据转换成一个字典进行存储，在下次使用的时候可以很方便地读取。示例代码如下：

```
# 导入库部分的代码省略
f=h5py.File('H2B_OPER_SCA_L2B_OR_20200415T014106_20200415T032530_07352_pw
p_250_04_owv.h5','r')
lon=f['wvc_lon'][:]
lat=f['wvc_lat'][:]
obs_time=f['wvc_row_time'][:]
speed=f['wind_speed_selection'][:]
```

```
direction=f['wind_dir_selection'][:]
speed_1d=speed.reshape(lon.shape[0]*lon.shape[1],order='F')/100
dir_1d=direction.reshape(lon.shape[0]*lon.shape[1],order='F')/10
lon_1d=lon.reshape(lon.shape[0]*lon.shape[1],order='F')
lat_1d=lat.reshape(lon.shape[0]*lon.shape[1],order='F')
time_1d=np.tile(obs_time,(lon.shape[1],1)).T.\
            reshape(lon.shape[0]*lon.shape[1],order='F')
# 打开一个 txt 文件,并逐行写入
with open("data.txt",'a') as f:
    f.write("Lon      Lat      Time      Speed      Direction \n")
    for n in range(len(lon_1d)):
        f.write (str(lon_1d[n])+ " "+ str(lat_1d[n])+ " "+ \
            time_1d[n].decode('utf8')+ str(speed_1d[n])+ \
            " "+ str(dir_1d[n])+ "\n")
```

注意:此处只是简单地对数据进行了存储,若对数据进行查看将会发现数据中有非常多的无效值也被存储了下来。学生可尝试结合前面的质量控制相关代码,删除无效值,对结果进一步进行优化。

## 4.4　课堂/课后作业

(1)删去所转换 CSV 文件中的所有无效值,或重新存储一个没有无效值的 CSV 文件。

(2)结合本章所学内容,对代码略进行修改,画出图 4-6 所示的所有数据的风速、风向分布。

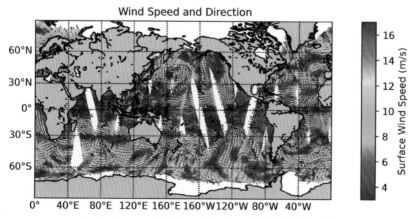

图 4-6　需得到的多轨散射计风速和风向分布图

(3)利用第三章课堂/课后作业中的 NCEP-CFSR 数据产品"ww3.201001_wnd.nc",画出 2020 年 1 月 1 日 UTC － 03：00 时刻的全球风场（风速和风向）分布，参考结果如图 4 － 7 所示。

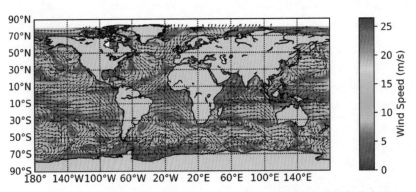

图 4 － 7　需得到的 2020 年 1 月 1 日 UTC － 03：00 时刻的全球风场分布图

# 5 实验四 高度计波高的验证与校准(Python)

## 5.1 实验目的

(1)掌握用卫星与现场观测配准和对比验证的基本方法。

(2)掌握数据线性回归校准和二次回归校准的基本方法。

## 5.2 实验任务

(1)利用 Python 查阅 NetCDF 格式的高度计数据信息,了解其常用组织结构。

(2)利用 Python 画出单日的高度计轨道信息和有效波高的全球分布。

(3)在美国国家浮标数据中心(National Data Buoy Center,简称 NDBC)网站,查询浮标的位置,并下载浮标的数据。

(4)利用高度计观测几乎同一时间、地点的浮标数据对高度计数据进行检验,即找出高度计卫星经过上述浮标附近(距离小于 75km)时的有效波高数据,同时在对应的浮标数据中找出距离卫星过境时刻最接近的有效波高现场观测数据,在散点图上对两个数据进行对比,计算两组数据的平均偏差、均方根误差和相关系数。

(5)以浮标数据为参考,对高度计数据进行校准,并对校准后的误差重新进行计算。

## 5.3 实验步骤

### 5.3.1 数据下载

本实验所用的数据是一个多源高度计集成的观测数据集,数据集中包含了 ERS‐1/2、ENVISAT、TOPEX/Poseidon、Jason‐1/2、GEOSAT 等多颗高度计卫星观测的有效波高和风速等数据产品。数据由法国海洋开发研究院卫星与物理海洋学实验室生产。本实验用到 2012 年 9 月的数据,文件名从"wm_20120901. nc"到"wm_20120930. nc"。数据可以从法国海洋开发研究院的 FTP 服务器下载,网址为 ftp://ftp. ifremer. fr/ifremer/cersat/products/swath/altimeters/waves/,也可以从本实验的网盘链接下载,具体来源如下。

链接:https://pan. baidu. com/s/1gc7Pg6FWEpWeOCbsc7Qc‐A。

TinyURL:https://tinyurl. com/mwmcbpbf。

提取码：ORSE。

下载文件夹中的"altimeter_data"后即可开展后续实验。此外，网盘中的"buoy_data"中包含 5 个 NDBC 浮标在 2012 年的气象观测数据，可以一并下载。当然，这些数据也可以在 NDBC 官网上获取，网址为 https://www.ndbc.noaa.gov/，具体的获取方式会在下文进行介绍。

## 5.3.2 查看并读取数据信息

对数据信息进行查看，可在 Python 的交互命令行下输入以下指令：

```
import netCDF4 as nc   # 导入库
file=nc.Dataset('wm_20120901.nc')
print(file)   # 读取文件信息
```

得到的结果如下所示：

```
< class 'netCDF4._netCDF4.Dataset'>
root group (NETCDF3_CLASSIC data model, file format NETCDF3):
    Producer_Agency: IFREMER
    Producer_Institution: CERSAT
    Build_Id: V11.0
    Production_Creation_Time: 20140627T192801
    Start_Date: 20120901T000000
    Stop_Date: 20120901T235959
    South_Latitude:-66.621456
    North_Latitude: 82.910457
    West_Longitude:-179.999852
    East_Longitude: 179.998632
    dimensions(sizes): mes(146645)
    variables(dimensions): float64 time(mes), int16 lat(mes), int16 lon(mes),
int16 wind_speed(mes), int16 wind_speed_cor(mes), int16 sigma0(mes), int16 sigma0_
cal(mes), int16 sigma0std(mes), int16 sigma0second(mes), int16 sigma0secondstd
(mes), int16 swh(mes), int16 swhstd(mes), int16 swhcor(mes), int8 satellite(mes),
int16 cycle(mes), int16 pass_number(mes), int32 absolute_orbit(mes)
```

虽然这个数据中有大量的变量信息，但其维度非常简单，只有一个维度 mes（measurement，测量），即所有变量都是 1 位矩阵，长度为 mes 这个维度上的长度（本数据中是146645）。这是因为高度计只能对星下点进行测量，即每 1 次测量对应着 1 组变量（时间、经度、纬度、波高、风速、后向散射截面、卫星编号等）。学生可以自行对变量信息进行查看，可以从中获取时间的单位（包括起始时刻）等实验中需要用到的变量信息，具体指令如下：

```
print(file.variables['satellite'])
```

结果如下：

```
int8 satellite(mes)
    long_name: satellite (1:ERS1 ; 2:ERS2 ; 3:ENVISAT ; 4:TOPEX ; 5:POSEIDON ; 6:
JASON1 ; 7:GFO ; 8:JASON2 ; 9:CRYOSAT ; 10:SARAL)
    units: 1
    add_offset: 0.0
    scale_factor: 1.0
    valid_range: [ 1. 10.]
    _FillValue: 127
unlimited dimensions:
current shape=(146645,)
```

结果显示，变量 satellite 共有 10 种取值，不同的取值代表不同的卫星，例如 1 代表 ERS1，4 代表 TOPEX，6 代表 JASON1 等。下面读入所有卫星的观测时间和波高，并对其进行简单的可视化，具体代码如下：

```
time=file.variables['time'][:]
lon=file.variables['lon'][:]
lat=file.variables['lat'][:]
swh=file.variables['swh'][:]
from mpl_toolkits.basemap import Basemap
import matplotlib.pyplot as plt
import numpy as np
import matplotlib as mpl
time=(time- time.min())*24.  # 以最早时刻为基准的相对时间(单位:h)
m=Basemap (llcrnrlon=-180,llcrnrlat=-80,urcrnrlon=180,urcrnrlat=80,\
        projection='mill',resolution='l')
# 为地图添加上海岸线和经纬网格
m.drawparallels(np.arange(-90.,90.,30.), labels=[1,0,0,0], fontsize=10)
m.drawmeridians(np.arange(-180.,180.,60.), labels=[0,0,0,1], fontsize=10)
m.drawcoastlines()
m.fillcontinents()
mlon,mlat=m(lon,lat)
c=m.scatter(mlon,mlat,c=time,s=0.05)
cbar=m.colorbar(c, pad='10%',label='Hours since the 1st observation')
```

从图 5-1 中可以看出，即使是多颗高度计，一天时间内仍然无法实现"全球覆盖"，无法测量到很多地方。相信到了这个阶段，学生能够很轻松地绘制 2012 年 9 月 1 日观测的有效波高分布图(图 5-2)和 2012 年 9 月第 1 周以及 9 月整月观测的有效波高分布图(图 5-3、图 5-4)。不难发现，有 1 周的数据即可实现大部分区域的覆盖。接下来，学生也可以自己尝试仅选择 1 颗卫星，如 JASON-1，查看 1 天、1 周、1 个月的数据覆盖情况(图 5-5～图 5-7)。

提示：卫星的筛选可以使用 np. where 函数。

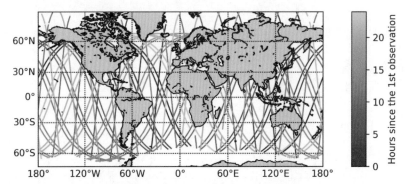

图 5-1　可视化代码得到的 2012 年 9 月 1 日多颗高度计的观测时间分布图

注："Hours since the lst observation"表示自第一个观测经过的小时数。

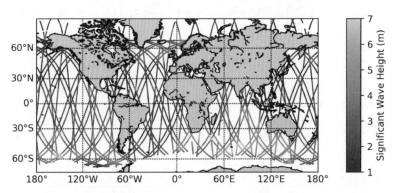

图 5-2　可视化代码略作修改得到的 2012 年 9 月 1 日多颗高度计观测的有效波高分布图

注："Significant Wave Height(m)"表示有效波高(m)，简称 SWH。

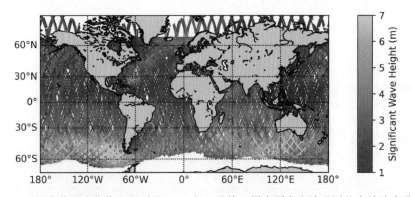

图 5-3　可视化代码略作修改得到的 2012 年 9 月第 1 周多颗高度计观测的有效波高分布图

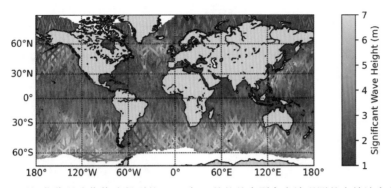

图 5-4　可视化代码略作修改得到的 2012 年 9 月整月多颗高度计观测的有效波高分布图

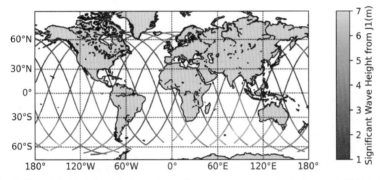

图 5-5　可视化代码略作修改得到的 2012 年 9 月 1 日 JASON-1 高度计(J1)观测的有效波高分布图

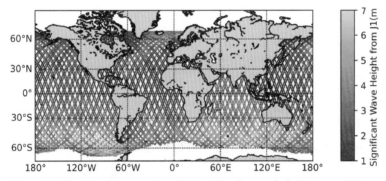

图 5-6　可视化代码略作修改得到的 2012 年 9 月第 1 周 JASON-1 高度计(J1)观测的有效波高分布图

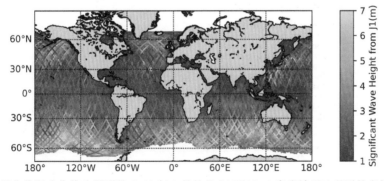

图 5-7　可视化代码略作修改得到的 2012 年 9 月整月 JASON-1 高度计(J1)观测的有效波高分布图

### 5.3.3　浮标信息和数据的查询与下载

浮标信息的查询可登录美国浮标数据中心的官方网站 https://www.ndbc.noaa.gov/。在左上角的搜索框内输入拟查询浮标的 ID 号，即可找到对应浮标的信息。本实验要用到的 5 个浮标的 ID 分别是 51003、46059、42002、41001 和 32012。以 51003 为例，在红框中的位置输入 51003，即可得到图 5-8 所示的搜索结果。结果显示了浮标的许多信息，包括所在的位置。继续向下翻阅，能够查询到浮标的实时观测数据，翻阅到底部，点击"Historical Data & Climatic Summaries"即可查询该浮标观测的多种历史数据。本实验用到的数据是 2012 年的标准气象数据，故点击"Standard meteorological data"中的"2012"即可进入本实验采用数据的下载页面，其他 5 个数据文件的下载方式与之相似。

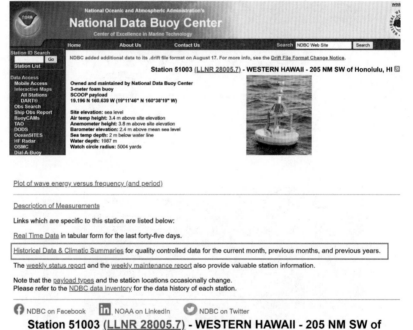

图 5-8　美国浮标数据中心的官方页面及数据下载的位置

将所需浮标位置信息整理后得到表 5-1,同时浏览并下载这几个浮标 2012 年的标准气象数据,找到其中的有效波高数据。任选一个浮标,用第 3 章的时间序列绘制方法画出该浮标 2012 年 1 月观测到的有效波高时间序列,如图 5-9 所示(这一课堂练习也将帮助学生复习时间数据的处理以及 CSV 文件的读写)。

表 5-1 浮标编号表

| 浮标编号 | 纬度(°) | 经度(°) |
|---|---|---|
| 51003 | 19.175 | −160.625 |
| 46059 | 38.094 | −129.951 |
| 42002 | 26.055 | −93.646 |
| 41001 | 34.724 | −72.317 |
| 32012 | −19.425 | −85.078 |

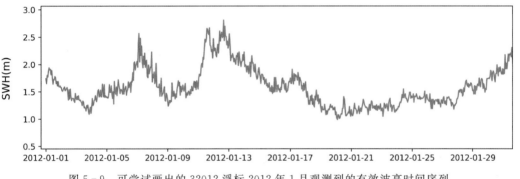

图 5-9 可尝试画出的 32012 浮标 2012 年 1 月观测到的有效波高时间序列

下面在地图上标出这些浮标的位置,这一过程本质上就是在地图上用散点图打点,具体代码如下:

```
lat1=np.array([19.175,38.094,26.055,34.724,-19.425])   # 浮标纬度
lon1=np.array([-160.625,-129.951,-93.646,-72.317,-85.078])   # 浮标经度
name=np.array(['51003','46059','42002','41001','32012'])   # 浮标 ID(字符串)
m=Basemap(llcrnrlon=-180, llcrnrlat=-30, urcrnrlon=-30,\
          urcrnrlat=60,resolution='l')
m.drawparallels(np.arange(-90., 90., 18.), labels=[1,0,0,0])
m.drawmeridians(np.arange(-180., 180., 30.), labels=[0,0,0,1])
m.drawcoastlines()
m.fillcontinents('white')
x,y=m(lon1,lat1)
plt.scatter(x,y,c='b',s=25)   # 浮标打点
```

```
for i in range(0,5):
    plt.text(x[i]+2,y[i]-2,name[i],color='b',fontsize=12)
    # 位置逐点标注,位置与点的位置略有偏移
```

得到的结果如图 5-10 所示。

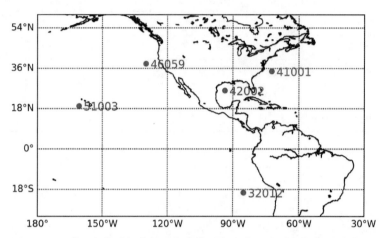

图 5-10 利用本节浮标位置可视化代码得出的 5 个浮标的位置分布图

## 5.3.4 高度计-浮标数据配准

数据配准就是对两个或以上不同来源数据(如卫星与浮标、不同的卫星、卫星与模式等)在同一时间、同一地点的数据进行匹配。在海洋遥感中,数据的配准常常用于数据的定标、验证、校准和经验算法的训练。例如在本实验中,想要对高度计测得的有效波高是否准确进行检验,就要首先对高度计卫星与浮标的数据进行配准,然后再对配准后高度计测得的有效波高和浮标测得的有效波高数据进行比较。假设浮标测得的数据准确,若二者吻合良好则说明高度计测得的有效波高准确;反之,则说明高度计数据可能存在问题。

因此,第一步要做的就是找到同一时间、同一地点的高度计和浮标数据。然而,浮标通常是在一个固定的"点"上固定间隔时间(一般是 0.5～1h)对波高进行测量,高度计恰好在浮标的测量时间点在浮标位置的正上方飞过(即高度计数据和浮标数据在时间、空间上完全重合)的概率是非常低的。在实际操作的过程中,一般假设波高在一个较小的时空范围内保持不变,这样只要卫星高度计和浮标数据在时间和空间上相差不太远,就可以近似地认为它们位于同一时空位置,对二者的数据进行匹配。假设中认为波高或其他目标参数保持不变的时空范围,被称为配准的"时空窗口"。时空窗口大小选择的总原则是要在保证足够数据量的同时避免数据时空差异过大造成误差,这就需要针对参数本身和观测数据的特点,具体问题具体分析。例如在高度计和浮标的有效波高数据配准过程中,通常选择的时空窗口是 50km 和 30min,即配准数据中卫星和浮标数据的空间距离不超过 50km,时间差异不超过 30min。如果窗口过小,比如压缩到 5km 和 3min,就会导致很难找到满足要求的数据;而窗口过大,比如

扩展到 500km 和 300min,就会导致卫星和浮标观测点之间本身的波高就相差很大,无法对数据进行直接对比(两个相距 500km 的点波高会存在显著的差异)。

在下面的操作中,为了适当增加配准点的数量,将会采用 75km 和 30min 的时空窗口,首先找出卫星数据中距离浮标不超过 75km 的有效波高数据及其对应的观测时间,然后再在浮标数据中找到与高度计过境时间最为接近的有效波高数据,最后判断两者之间的时间差是否大于 30min。首先,将一个月的高度计数据全部放入相应的数组。以下用到的代码会略长,但思路并不复杂,学生可以根据注释梳理逻辑。

```python
import netCDF4 as nc
from mpl_toolkits.basemap import Basemap
import matplotlib.pyplot as plt
import numpy as np
import matplotlib as mpl
# 高度计数据读取:先读取第一天的数据,然后对存放数据的变量不断扩展
# str 可以将数字转为字符串形式,zfill 可以在数字前强制补 0
fileday=nc.Dataset("altimeter_data\\wm_201209"+ str(1).zfill(2)+ ".nc")
latalt=np.array(fileday.variables['lat'][:])
lonalt=np.array(fileday.variables['lon'][:])
swhalt=np.array(fileday.variables['swh'][:])
timealt=np.array(fileday.variables['time'][:])
for i in range(2,31):
    fileday=nc.Dataset("altimeter_data\\wm_201209"+ \
                       str(i).zfill(2)+ ".nc")

    latalt=np.concatenate((latalt,np.array(fileday.\
                          variables['lat'][:])))
    lonalt=np.concatenate((lonalt,np.array(fileday.\
                          variables['lon'][:])))
    swhalt=np.concatenate((swhalt,np.array(fileday.\
                          variables['swh'][:])))
    timealt=np.concatenate((timealt,np.array(fileday.\
                           variables['time'][:])))
# 定义一个函数计算两个点之间的距离(需要一点球面几何知识)
from math import radians, cos, sin, asin, sqrt
def geodistance(lon1,lat1,lon2,lat2):
    lon1,lat1,lon2, lat2=map(radians, [float(lon1), float(lat1),\
                            float(lon2), float(lat2)])
    dlon=lon2-lon1
```

```
    dlat=lat2-lat1
    a=sin(dlat/2)**2+ cos(lat1)*cos(lat2)*sin(dlon/2)**2
    distance=2*asin(sqrt(a))*6371
    return distance
#  # 其实在距离不大的时候，可以采用近似的公式
#  def geodistance(lon1,lat1,lon2,lat2):
#      latdist=(lat2-lat1)*110
#        # 纬度差对应的大致距离(1 纬距约 110km)
#      londist=(lon2-lon1)*110* cos(np.deg2rad(lat2/2+lat1/2))
#      distance=np.sqrt(latdist**2+londist**2)
# 经度差对应的大致距离(需要乘以纬度的 cos)


lat=np.array([19.175,38.094,26.055,34.724,-19.425])
# 导入浮标纬度
lon=np.array([-160.625,-129.951,-93.646,-72.317,-85.078])
# 导入浮标经度
# 然后和浮标进行交叉比对
# 添加一层外循环，即可把 5 个浮标的数据批量处理
import datetime   # 根据上述说明，配准要用到时时间操作
bslcswh_all=np.array([])   # 用于存储最终所有配准的浮标 swh 数据
slcswh_all=np.array([])    # 用于存储最终所有配准的高度计 swh 数据
for bid in range(5):          # buoy 1 to 5  和每个浮标进行交叉比对
    dist=np.zeros(len(lonalt))
    for i in range(len(lonalt)):    # 计算每个卫星数据离浮标的距离
        dist[i]=geodistance(lonalt[i],latalt[i],lon[bid],lat[bid])
        # 如采用近似公式，本循环运行速度能明显加快
    slctime=timealt[dist<75]  # 选择出距离小于 75km 的高度计数据
    slcswh=swhalt[dist<75]    # 选择出距离小于 75km 的高度计数据
    # 浮标数据读取
    bdata=np.loadtxt("buoy_data\\"+ str(name[bid])+ "h2012",skiprows=2)
    # skiprows=2,跳过标题的两行
    byear=bdata[:, 0].astype(int)
    bmonth=bdata[:, 1].astype(int)
    bday=bdata[:, 2].astype(int)
    bhour=bdata[:, 3].astype(int)
    bmin=bdata[:, 4].astype(int)
    bswh=bdata[:, 8]
    btime=np.array([])   # 建立一个空矩阵，用于存储浮标的 datetime 时间信息
    bslcswh=np.array([])   # 用于存储单个浮标的配准 swh
```

```
for i in range(len(byear)):          # 逐一对浮标的时间信息预处理
    buoytime=datetime.datetime(\
            byear[i],bmonth[i],bday[i],bhour[i],bmin[i],0)
    buoytime=buoytime- datetime.datetime(1900, 1, 1,0,0,0)
    buoytime=buoytime.total_seconds()/3600./24.
    btime=np.append(btime, buoytime)
    # 需要将浮标的时间与高度计的单位统一,即距离 1900 年 1 月 1 日后的天数
for t in range(len(slctime)):
    # 对于每一个距离小于 75km 的高度计数据,找到与之时间最接近的浮标观测
    t1=abs(btime-slctime[t])
    min1=np.min(t1)
    if (min1<0.5/24.0):
        # 如果最近的时间小于 0.5h,则保留该浮标数据
        b_pos=np.where(t1==min1)[0][0]
        bslcswh= np.append(bslcswh,bswh[b_pos])
    else:
        # 否则该高度计没有对应的浮标数据
        bslcswh=np.append(bslcswh,np.nan)
# 一个循环后,下一个浮标的数据覆盖 bslcswh 和 slcswh,
# 所以要在 bslcswh_all 和 slcswh_all 把它们单独存出
bslcswh_all=np.concatenate((bslcswh_all,\
                        np.squeeze(np.array(bslcswh))))
slcswh_all=np.concatenate((slcswh_all,\
                        np.squeeze(np.array(slcswh))))
# 为什么要在链接矩阵前使用 np.squeeze,学生可尝试不这么做会发生什么
# 主要是为了使矩阵从一个 N×1 的二维矩阵编程一个长度为 N 的一维的矩阵
# 最后,删去配准数据中的 nan 值
notNaNid=np.where(~np.isnan(bslcswh_all))[0]
slcswh_all=slcswh_all[notNaNid]
bslcswh_all=bslcswh_all[notNaNid]
# 也删去有问题的数据(波高小于 0.1m 或大于 20m 一般在海洋中不太会出现)
goodQC_id=np.where((slcswh_all>0.1)&(slcswh_all<20)&\
                (bslcswh_all>0.1)&(bslcswh_all<20))[0]
slcswh_all=slcswh_all[goodQC_id]
bslcswh_all=bslcswh_all[goodQC_id]
np.save("slcswh_all.npy",slcswh_all)  # 保存最后的结果,方便后续读取应用
np.save("bslcswh_all.npy",bslcswh_all)  # 也可跳过该步骤
```

结果显示,slcswh_all 中存储的是浮标附近高度计测量的有效波高,bslcswh_all 中存储

的是对应时刻的浮标测量数据,两者可视为对同一个时空位置有效波高的测量,即完成了数据的配准可以直接进行相互比较。

## 5.3.5　数据的对比和验证

对于卫星数据和现场观测的数据对比,散点图是一个直观且常用的方式,在画出散点图的同时,给出数据之间的偏差、均方根误差和相关系数,就能够对数据质量有一个大体的认识。偏差(Bias,又称偏倚)、均方根误差(Root Mean Square Error,简称 RMSE)和相关系数($R$)的定义如下:

$$\text{Bias} = \frac{1}{n}\sum_{i=1}^{n}(y_i - x_i) \tag{5-1}$$

$$\text{RMSE} = \sqrt{\frac{1}{n}\sum_{i=1}^{n}(y_i - x_i)^2} \tag{5-2}$$

$$R = \sum_{i=1}^{n}(y_i - \bar{y})(x_i - \bar{x}) / \left[\sqrt{\sum_{i=1}^{n}(y_i - \bar{y})^2}\sqrt{\sum_{i=1}^{n}(x_i - \bar{x})^2}\right] \tag{5-3}$$

式中:$x$ 和 $y$ 分别代表两个不同来源的数据,比如 $x$ 代表浮标的有效波高,$y$ 代表高度计的有效波高,上方的横杠代表样本平均值。尽管浮标的测量还是存在误差,但由于是在现场观测,通常仍将浮标的现场观测视为参照的"真值"。

散点图绘制、偏差、均方根误差和相关系数计算的参考代码如下:

```
# 如果存储了数据,下次使用的时候可以用 np.load 的方法直接读取
slcswh_all=np.load('slcswh_all.npy')
bslcswh_all=np.load('bslcswh_all.npy')
x=slcswh_all[:]
y=bslcswh_all[:]
plt.scatter(x,y)
plt.xlim(0,4)
plt.ylim(0,4)   # 对 x 和 y 设置相同的坐标轴范围
plt.xticks(np.arange(0,4.5,0.5))
plt.yticks(np.arange(0,4.5,0.5))
plt.xlabel("Altimeter SWH (m)",fontsize=13,labelpad=8)
plt.ylabel("Buoy SWH (m)",fontsize=13,labelpad=10)
plt.plot([0,4],[0,4],'r')   # 绘制 y= x 参考线
Bias=(y-x).mean()   # 平均偏差
Rmse=np.sqrt(((y-x)**2).mean())   # 均方根误差
r=np.corrcoef(x,y)[0][1]  # 相关系数(相关系数是相关矩阵的 0,1 位置)
plt.text(0.3,3.6,"Bias=%f" % Bias,fontsize=13)
plt.text(0.3,3.4,"RMSE=%f" % Rmse,fontsize=13)
```

```
plt.text(0.3,3.2,"r=%f" % r,fontsize=13)
plt.grid()  # 添加网格线
plt.show()
```

得到的结果如图 5-11 所示。

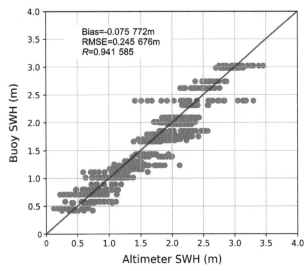

图 5-11　利用散点图绘制代码得到的浮标-高度计有效波高对比散点图

注:"Buoy SWH(m)"为浮标有效波高(m),"Altimeter SWH(m)"表示高度计有效波高(m)。

从图 5-11 可以看出,大部分的数据都落在了 $y=x$ 这条直线的附近,说明浮标的测量结果与高度计的观测结果是比较接近的,说明了高度计能够对波高进行测量。但数据中显然也存在一定的误差,这些误差可以通过偏差、均方根误差和相关系数进行定量评价。

## 5.3.6　数据的校准

通过高度计和浮标有效波高数据的统计关系,可以利用线性回归、二次回归等方法对高度计测得的数据进行经验修正,使之与浮标测得的数据更加吻合。因此,首先要找出高度计和浮标数据之间的定量关系,在原散点图的基础上可以先绘制回归曲线,代码如下:

```
# 运行前用前面的代码重新画一遍图
# 下面的代码在此基础上画出回归线
t=np.polyfit(x,y,1)  # 对 x 和 y 线性回归
poly=np.poly1d(t)  # 得到函数
func_x=np.linspace(0,5,100)  # 用不同的 x 画出函数图像
plt.plot(func_x,poly(func_x),'k')  # 画线
plt.text(2.5,0.5,'y=%s'% poly,fontsize=13)  # 写出函数形式
plt.show()
```

下面对回归后的结果重新用散点图进行可视化：

```
# 对高度计有效波高进行线性校正
x1=poly(x)   # x1 就是校正后的高度计测量值
plt.scatter(x1,y)
plt.xlim(0,4)
plt.ylim(0,4)   # 对 x 和 y 设置相同的坐标轴范围
plt.xticks(np.arange(0,4.5,0.5))
plt.yticks(np.arange(0,4.5,0.5))
plt.xlabel("Altimeter SWH (m)",fontsize=13,labelpad=8)
plt.ylabel("Buoy SWH (m)",fontsize=13,labelpad=10)
plt.plot([0,4],[0,4],'r')
Bias=(y-x1).mean()   # 平均偏差
Rmse=np.sqrt(((y-x1)**2).mean())   # 均方根误差
r=np.corrcoef(x1,y)[0][1]   # 相关系数(相关系数是相关矩阵的 0,1 位置)
plt.text(0.3,3.6,"Bias=%f" % Bias,fontsize=13)
plt.text(0.3,3.4,"RMSE=%f" % Rmse,fontsize=13)
plt.text(0.3,3.2,"r=%f" % r,fontsize=13)
plt.grid()   # 添加网格线
plt.show()
```

两段代码得到的结果分别如图 5-12 和图 5-13 所示。经过线性校准，虽然从图上的点位看上去差别并不明显，但是从数据上可以看出，偏差降低到接近零，均方根误差也从 0.246m 降低到 0.228m，说明线性校准对降低误差起到了一定的作用。线性校准不会改变数据之间的线性相关性，所以相关系数不会发生变化。

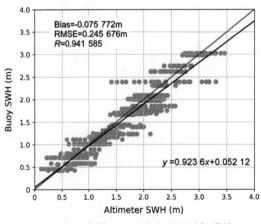

图 5-12　在图 5-11 的基础上添加线性回归曲线结果图

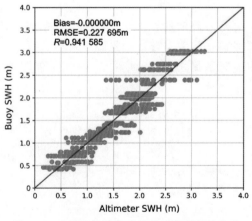

图 5-13　利用线性校准代码对数据线性校准后得到的浮标-高度计有效波高对比散点图

注：Bias=$-1.084\ 8\times10^{-16}$m。

二次函数校准只是把回归方式由线性校准的 $x_1 = kx + b$ 变成了 $x_1 = k_1 x^2 + k_2 x + b$,对代码改动很小,只需要将第一段代码中的"t=np. polyfit(x,y,1)"变成 t=np. polyfit(x,y,2),即可得到下面的图 5-14、图 5-15。

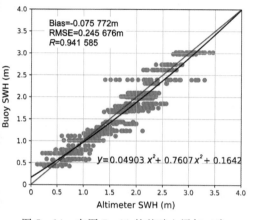

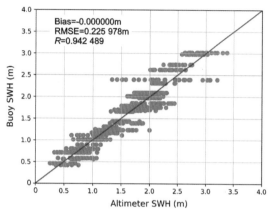

图 5-14  在图 5-11 的基础上添加二次回归曲线结果图

图 5-15  利用二次校准代码对数据线性校准后得到的浮标-高度计有效波高对比散点图

注:Bias=−1.084 8×10⁻¹⁶ m。

从结果中的数据可以看出,二次校准将数据的偏差降到了接近零,均方根误差从 0.246m 降低到 0.226m,比线性校准的降低量还要稍多一点,相关系数有非常微小的提升,但误差的降低和相关系数的提升相比于线性校准基本可以忽略不计。因此,在实际应用中,线性校准是一个非常常用的手段。

# 5.5  课堂/课后作业

(1)到 NDBC 的网站,查询 41001、41004、41040、41044、41047、41048、42001、42002、42003、46006、46059、46001、51101、51004 等几个浮标是否有 2012 年的数据。如果有,尝试选择其中的 3~5 个进行下载并查阅浮标位置信息。把浮标的位置信息追加到本实验所绘制的浮标位置图中。

(2)在浮标 42002 的数据中,选择一个月画出风速和有效波高时间序列,看看它们之间是否有什么联系。

(3)将下载的浮标追加到已有的 5 个浮标列表中,对代码进行修改,并将配准的空间窗口从 75km 缩小为 50km,看看对有效波高的对比结果有何影响。

(4)对相应的高度计和浮标所测得的风速数据进行配准(空间窗口选择 50km),并对风速数据进行验证,做出散点图并计算两组数据的平均偏差、均方根误差和相关系数。

(5)对风速数据进行线性校正,并评价校正后的结果。

(6)选择 1 天的 JASON-1 高度计数据,试用散点图画出其地球物理模式函数的形状,即画出高度计后向散射截面与测得风速的关系。

# 实验五　水色遥感数据的可视化（MATLAB）

## 6.1　实验目的

(1)熟悉水色遥感数据和叶绿素浓度的全球空间分布。
(2)掌握运用 MATLAB 对 NetCDF(.nc)格式数据的信息查询与读写。
(3)掌握运用 MATLAB 对网格化数据的进行可视化的基本操作。

## 6.2　实验任务

(1)在 NASA 的 Ocean Color 网站 https://oceancolor.gsfc.nasa.gov/下载 Auqa-MODIS 的 chlor_a(叶绿素 a)浓度网格化数据(9km 分辨率)。
(2)利用 MATLAB 对下载数据的信息进行查询。
(3)利用 MATLAB 对全球和中国近海区域的叶绿素浓度进行可视化。

## 6.3　实验步骤

### 6.3.1　下载数据

登录 https://oceancolor.gsfc.nasa.gov/,该网站有许多关于水色遥感的信息,可多花一点时间浏览熟悉相关内容。海洋遥感的很多数据在互联网上是公开的,因此根据需要利用搜索引擎找到研究所需的数据,这也是一个很重要的实践能力。

数据下载原理与"2.3.1　下载数据"一致。找到数据获取页面,按照数据目录找到需要的数据(若数据下载需要注册账号,则按网站的要求进行注册即可)。

(1)于 MISSIONS 处选择"MODIS-Aqua"进入 Aqua/MODIS 传感器界面(图 2-1)。

(2)选择"Data Access"下"Level-3 global browser"浏览 MODIS-Aqua Level-3 数据(图 2-2)。

(3)点击"Extract or Download L3 Data"进入下载选择界面(图 2-3)。

(4)筛选数据类型,"Period"选择"Annual"或"Monthly",Resolution 选择"9km","Type"勾选"Mapped",也可根据自己的想法下载其他数据。图 2-4 的选项显示了下载 2017 年 5 月月平均 MODIS‐Aqua 叶绿素浓度 9km 分辨率数据的设定。学生也可以根据各自喜好尝试下载其他时段的数据。

（5）下载数据：拷贝粘贴提供的链接即可下载 NetCDF 数据，同时以下提供了一套数据可供使用。

链接：https：//pan. baidu. com/s/1gc7Pg6FWEpWeOCbsc7Qc‐A。

TinyURL：https：//tinyurl. com/mwmcbpbf。

提取码：ORSE。

下载"A20160652016072. L3m_8D_CHL_chlor_a_9km. nc"即可开展后续实验。

## 6.3.2　查看并读取数据信息

在 MATLAB 的交互命令行下输入以下内容，对数据信息进行查看，具体代码如下：

```
% 直接在文件所在的路径运行脚本时,不用输入文件路径。
filename= 'A20171212017151.L3m_MO_CHL_chlor_a_9km.nc';
% 如果采用绝对路径,路径中的"\"要改成"\\"或"/",例如
% filename= 'D:/A20171212017151.L3m_MO_CHL_chlor_a_9km.nc'反斜杠
ncdisp(filename)                % 查看 nc 文件信息
```

得到的结果如下所示：

```
Format:
        netcdf4
Global Attributes:
        _NCProperties= 'version= 1|netcdflibversion=4.4.1.1|hdf5libversion=
1.8.18'
        product_name= 'A20160652016072.L3m_8D_CHL_chlor_a_9km.nc'
        ......
        (信息较多,部分内容省略)
        ......
        data_minimum            =0.0079318
        data_maximum            =98.7445
Dimensions:
        lat         =2160
        lon         =4320
        rgb         =3
        eightbitcolor=256
```

```
Variables:
    chlor_a
           Size:        4320x2160
           Dimensions: lon,lat
           Datatype:   single
           Attributes:
                     long_name     ='Chlorophyll Concentration, OCI Algorithm'
                     units         ='mg m^- 3'
                            standard _ name = ' mass _ concentration _ chlorophyll _
concentration_in_sea_water'
                     _FillValue    =-32767
                     valid_min     =0.001
                     valid_max     =100
                     reference     ='Hu, C.,……C007395.'
                     keywords      ='EARTH SCIENCE……OPHYLL'
                     display_scale='log'
                     display_min   =0.01
          display_max  =20
    lat
           Size:        2160x1
           Dimensions: lat

           Datatype:   single
           Attributes:
                     long_name     ='Latitude'
                     units         ='degrees_north'
                     standard_name='latitude'
                     _FillValue    =-999
                     valid_min     =-90
                     valid_max     =90
    lon
           Size:        4320x1
           Dimensions: lon
           Datatype:   single
           Attributes:
                     long_name     ='Longitude'
                     units         ='degrees_east'
                     standard_name='longitude'
```

```
                _FillValue    =-999
                valid_min     =-180
                valid_max     =180
    palette
        Size:      256x3
        Dimensions: eightbitcolor,rgb
        Datatype:   uint8
Groups:
        ......
        group 信息在本课程暂时不用,在此省略
        ......
```

结果显示了大量数据的基本信息,如数据名称、创建时间、来源等。其中,最后的
"dimensions"和"variables"分别记录了数据的维度(坐标轴)与变量信息。可以看出,数据共
有 4 个维度,分别是 lat、lon、rgb、eightbitcolor,还包含 4 个变量,分别是 chlor_a、lat、lon、
palette。每个维度的大小和变量的数据类型以及对应的坐标轴也都可以从上述文件中看出,
例如 chlor_a 的自变量分别是 lat、lon,lat 和 lon 的长度分别是 2160、4320,其中 lon 和 lat 变
量的坐标轴是它们自身,故它们是维度变量。

变量 chlor_a 是一个二维矩阵,大小为 2160×4320,数据类型为 float32,对应的维度分别
是 lat、lon(同时不难看出 2160 是维度 lat 的长度,4320 是维度 lon 的长度)。矩阵的含义为叶
绿素浓度(Chlorophyll Concentration),单位为 mg/m³。因此,该变量所描述的就是不同经纬
度的叶绿素浓度。同样,对于 lon、lat 等变量信息的内容可结合"1.1.2 NetCDF/HDF 格
式"。读取 nc 数据的命令是 ncread,结合数据信息,将经纬度和叶绿素浓度信息读入数组中,
具体代码如下:

```
chlor=ncread(filename,'chlor_a');   % 叶绿素浓度读入
lons=ncread(filename,'lon');   % 经度读入
lats=ncread(filename,'lat');   % 纬度读入
```

## 6.3.3 数据可视化

在利用网格化数据绘制地图之前,常常需要利用 meshgrid 函数对经度、纬度的网格进行
编织,即将经度矩阵沿纬向扩展,纬度矩阵沿经向扩展,使得经纬度矩阵的大小与目标变量
(本例中的叶绿素浓度)大小一致。具体代码如下:

```
[lat,lon]=meshgrid(lats,lons);   % 经纬度编织
```

本步骤暂不强求学生在这一阶段了解,学生可以查看数组的 lat、lon 和原来读入的 lats、lons 有什么不同,当学会可视化的方法后,也不妨用 pcolor (lon,lat,lat) 和 pcolor (lon,lat,lon) 分别查看一下网格编制后 lat、lon 的含义,应该很快就能了解这两个矩阵与 meshgrid 的含义。以下是绘图代码:

```
figure();                  % 开始绘制前,用 figure()生成画布
m_proj('robinson','lon',[-180 180]);      % 选择投影方式
m_pcolor(lon,lat,chlor);             % 绘制浓度分布
```

得到的结果如图 6-1 所示(注意:矩阵较大,绘制过程需要稍作等待)。

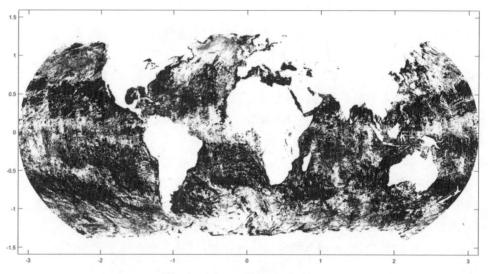

图 6-1　运行上述叶绿素浓度绘图代码得到的结果图

除了很少的区域外,大部分的位置显示都是白色和蓝色。其中,白色表示陆地或没有数据(不难理解,陆地也是没有数据)。若对数据进行查看,查看可直接用 chlor(XX,YY)(其中 XX 和 YY 是任选的坐标),会发现叶绿素高浓度区域是低浓度区域的浓度的几十倍,所以直接对结果进行可视化时,不同位置的叶绿素浓度高低在本图中并不能很好地反映出来(仔细观察也能看出图中部分位置的颜色不一样)。为解决这一问题,通常在绘制叶绿素浓度的时候,常常进行取对数操作,取对数后再用代码绘图,绘图代码如下:

```
chl=log(chlor);
figure();                   % 开始绘制前,用 figure()生成画布
m_proj('robinson','lon',[-180 180]);      % 选择投影方式
m_pcolor(lon,lat,chl);          % 绘制浓度分布,注意 chl 和 chlor 不是一个变量名
```

得到的结果如图 6-2 所示。

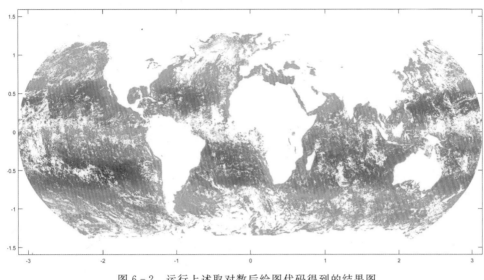

图 6-2　运行上述取对数后绘图代码得到的结果图

现在的结果基本能够看出叶绿素浓度的高低分布。更换颜色搭配可以用 colormap 函数,代码如下:

```matlab
colormap(jet);          % 常用的颜色映射有 jet、parula、hsv、gray
% 调用 colormap 时应保持图片打开状态
```

将颜色映射方案更改为 jet 后的效果如图 6-3 所示,学生不妨尝试几种不用的 colormap 查看会得到什么样的结果。

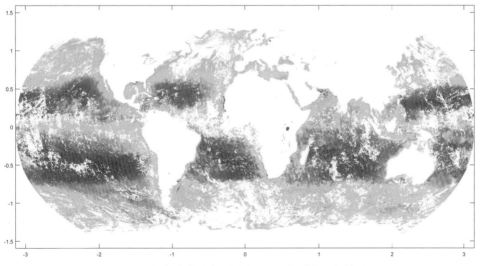

图 6-3　颜色映射方案更改为 jet 后得到的运行结果图

下面为绘制的结果添加其他制图要素（网格线、colorbar、标题等），具体代码如下：

```
m_coast('patch',[.7 .7 .7],'edgecolor','none');        % 添加海岸线
m_grid('tickdir','out','linewi',2,'fontsize',12);       % 增加网格线
h=colorbar('eastoutside','fontsize',12);               % 添加 colorbar
set(get(h,'ylabel'),'String','lg Chla (\mug/L)');       % colorbar 标题
h=title('Global distribution of chlorophyll concentration'...
    ,'Fontsize',14);        % 设置标题 当一行代码太长时，用…进行换行
```

得到的结果如图 6-4 所示。

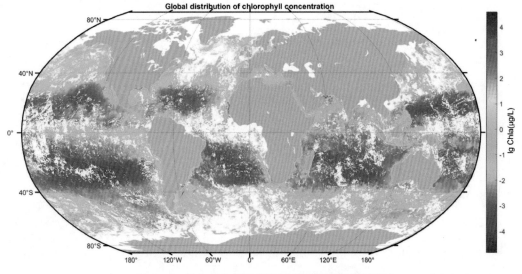

图 6-4　添加其他制图要素后得到的运行结果图

注："Global distribution of chlorophyll concentration"表示全球叶绿素浓度分布，"Chla"表示叶绿素浓度。

至此，完成了全球某一时段平均叶绿素浓度的绘制。最后，可以对图片进行存储，用高 dpi 的结果存储，可以得到更为清晰的图像，还可以直接使用上图对话框中的功能进行存储并对存储格式进行设置。但图片有时需要批量按照相同的格式存储，故也常利用 MATLAB 脚本直接完成存储操作，具体代码如下：

```
img=gcf;
print(img,'-dtiff', '-r300', './chlor_a.tif')          % 保存图片
```

### 6.3.4　更改绘制区域

上面绘制的是全球的叶绿素浓度分布，如果只需要绘制一个区域的叶绿素浓度分布，如

图 6-5 所示的中国近海区域,应该如何进行?

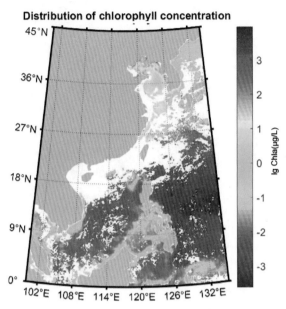

图 6-5　拟得到的中国近海区域叶绿素浓度分布图

　　学生不妨先根据对上面案例代码的理解进行尝试,所采用的投影是 lambert 投影。不难理解,要对一个小区域进行绘制,只需要对画布的区域进行变更即可,即把 m_proj 的投影方式和范围坐标更换即可,更改投影方式代码如下:

```
m_proj('lambert','lon',[100 135],'lat',[0 45]);    % 选择投影方式
```

　　更改绘制区域和投影方式后,再次按照上述绘制流程重新绘制,即可得到图 6-5 所示的 lambert 投影下的中国近海区域叶绿素浓度分布图。

## 6.3.5　更改中心位置

　　图 6-5 是以大西洋 0°经线为中心的,这是因为在选择投影方式和坐标的过程中经度的范围是[-180,180]。那么如何得到图 6-6 所示的以太平洋 180°经线为中心的结果呢? 也将投影方式更改成了"miller",学生可根据对上面案例代码的理解进行尝试。

　　首先,学生想到的可能也是和上面绘制中国近海区域的例子一样,对画布的范围进行更改,将经度的范围由[-180,180]修改成[0,360]。但这样只能得到图 6-7 所示的结果,只有一半的分布图被画了出来。这是因为仅仅调整了画布的范围,却没有对坐标轴和数据进行调整。如果用 print(lons) 去查看经度的值,会发现经度 lons 的值域是[-180,180],故当将画布的范围调整为[0,360],只有一半的数据落在画布中。

　　为解决此问题,我们需要将经度变量 lons 中[-180,0]范围内的值变化为[180,360],并

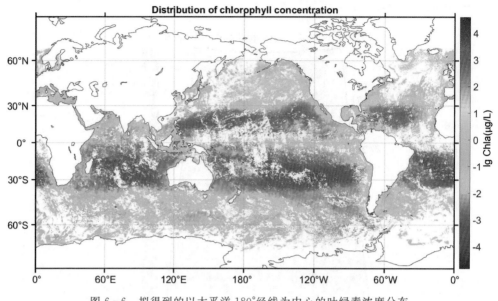

图 6-6　拟得到的以太平洋 180°经线为中心的叶绿素浓度分布

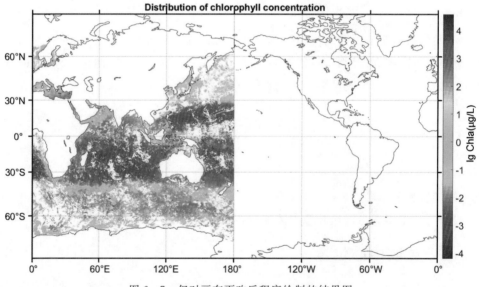

图 6-7　仅对画布更改后程序绘制的结果图

放到[0,180]之后。相应地，也要将[-180,0]经度对应的叶绿素浓度数据放到[0,180]经度对应的叶绿素浓度数据之后（对坐标轴和数据同时进行平移）。在执行这两步预处理后，再按照上文介绍的正常绘图流程，即可得到以太平洋 180°经线为中心的结果，具体操作指令如下：

```
lon=[lon(2161:end,1:end); lon(1:2160,1:end)+360];
% 将经度数据前一半[-180,0]和后一半[0,180]互换，并将[-180,0]转换为[180,360]
```

```
chl=[chl(2161:end,1:end); chl(1:2160,1:end)];
% 将[-180,0]经度对应的叶绿素浓度数据放到[0,180]经度对应的叶绿素浓度数据之后
figure();               % 开始绘制前,用figure()生成画布
m_proj('miller','lon',[0 360],'lat',[-80,80]);      % 选择投影方式
m_pcolor(lon,lat,chl);          % 绘制浓度分布
colormap(jet);
m_coast('patch',[1.0 1.0 1.0],'edgecolor','black');
% 添加海岸线,陆地填充改为白色(1,1,1),海岸线黑色
m_grid('tickdir','out','linewi',2,'fontsize',18);    % 增加网格线
h=colorbar('eastoutside','fontsize',18);         % 添加colorbar
set(get(h,'ylabel'),'String','lg Chla (\mug/L)');
h=title('Distribution of chlorophyll concentration'...
        ,'Fontsize',18);        % 设置标题
```

# 6.4　课堂/课后作业

(1)理解本章中每一句代码的含义,对画图代码进行整理,并在此基础上绘制图6-8所示的北太平洋叶绿素浓度分布。

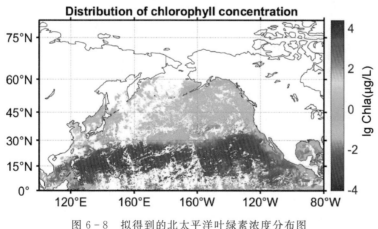

图6-8　拟得到的北太平洋叶绿素浓度分布图

(2)在Ocean Color的网站上(下载本实验数据的网站),下载MODIS-Terra在2012年5月的月平均日间海表温度数据(Sea Surface Temperature $11\mu m$ day time)。查看数据,并回答以下问题:①文件的创建日期是哪一天?②经度、纬度、海表温度的单位各是什么?③经度、纬度、海表温度的取值范围各是多少?

(3)利用上述下载的海表温度数据,绘制出以太平洋180°经线为中心的2012年5月全球海表平均温度的分布图。

# 7 实验六 全球海表温度变化分析（MATLAB）

## 7.1 实验目的

(1)熟悉海表温度遥感数据和海表温度的全球时空分布。

(2)初步掌握用 MATLAB 对三维网格化数据进行时空分析的思路。

(3)复习 MATLAB 网格化数据可视化的基本操作。

## 7.2 实验任务

(1)在 https：//psl. noaa. gov/data/gridded/tables/sst. html 下载 OISST V2 1990 年至今的海表温度(SST)周分辨率数据(sst. wkmean. 1990 - present. nc)。

(2)利用 MATLAB 进行数据的信息查询和读取。

(3)画出 1998 年 SST 平均值和 1990 年至今的 SST 平均值全球分布图。

(4)给定一个位置,画出该点 1990 年至今的 SST 时间序列,并利用线性拟合计算出该点 SST 上升的线性趋势。

(5)画出 1990 年至今 SST 的变化趋势全球分布图。

## 7.3 实验步骤

### 7.3.1 数据下载

登录 https：//psl. noaa. gov/网站,浏览网站信息。找到数据获取页面,按照数据目录找到需要的数据,下载 sst. wkmean. 1990 - present. nc,如图 3 - 1 所示。同时本实验提供了一套数据可供使用,具体来源如下。

链接：https：//pan. baidu. com/s/1gc7Pg6FWEpWeOCbsc7Qc - A。

TinyURL：https：//tinyurl. com/mwmcbpbf。

提取码：ORSE。

下载“sst. wkmean. 1990 - present. nc”即可开展后续实验。

## 7.3.2　查看并读取数据信息

对数据信息进行查看,具体代码如下:

```
filename='sst.wkmean.1990-present.nc';      % 文件路径
ncdisp(filename);              % 显示头文件,查看数据信息
```

结果显示的数据信息已经在"1.1.2　NetCDF/HDF 格式"中进行了较为详尽的说明。本数据共包含 4 个维度,分别是 lat、lon、time、nbnds,还有 5 个变量,分别是 lat、lon、sst、time、time_bnds。其中,lat、lon 和 time 是维度变量,sst 是 time、lat、lon 的函数。

变量 sst 是一个三维矩阵,对应的 3 个维度分别是 lon、lat 和 time,单位是℃。该变量描述了不同时间不同经度、纬度的海表温度。该变量三维矩阵中每一个位置,均对应了一个确定的时间、纬度和经度,而该位置的值则对应着该经度、纬度和时间的海表温度值。变量 time 中的一个重要的信息是时间的单位,即这里的时间是自 1800 年 1 月 1 日 0 点以来的天数。本实验暂不用 time_bnds 变量,结合数据信息,将经度、纬度、时间和海表温度信息读入数组中,具体代码如下:

```
lons=ncread(filename,'lon');      % 读取文件里的变量经度
lats=ncread(filename,'lat');      % 纬度
sst=ncread(filename,'sst');       % 海表温度
time=ncread(filename,'time');     % 时间
```

## 7.3.3　全球平均 SST 的分布图

拟尝试画出 1998 年的平均 SST 分布。首先,筛选出 1998 年 1 整年的 SST 数据,并求其时间平均值。使用 datenum 将具体日期转换为与变量 time 一致的时间数,使用 find 查找需要的时间,datestr 可以检验查找出的时间是否符合要求。示例代码如下:

```
stdate=[1800,1,1];       % days since 1800-1-1 00:00:00,起始时间
time_1998_1=datenum(1998,1,1)-datenum(stdate);
% 1998.1.1距起始时间的天数
time_1998_2=datenum(1998,12,31)-datenum(stdate);
% 1998.12.31距起始时间的天数
trange_1998=find(time>=time_1998_1 & time<=time_1998_2);
% find 函数找出所有 1998 年数据对应的索引
mytime1998=datenum(stdate)+time(trange_1998);      % 选出的日期
xltime1998=datestr(mytime1998,'yyyy-mm-dd');
% 时间转化为字符数组,可以通过查看 xltime1998 判断上面的代码执行是否正确
sst1998=mean(sst(:,:,trange_1998),3);
% 时间平均,最后一个 3 表示对 3 个维度(lon,lat,time)中的 time 平均
```

在 MATLAB 的变量工作空间(workspace)中查看即可发现 sst1998 是一个 180×360 的矩阵。学生可将"sst1998＝mean(sst(:,:,trange_1998),3)"改为"sst1998＝mean(sst(:,:,trange_1998),1)"后看看 sst1998 的大小(52×360,因为 1998 年中有 52 周)。

在此基础上,对 sst1998 进行绘图,复习上一章内容,网格化数据绘制前需要用 meshgrid 对网格进行编织。然后用下面的代码对 1998 年的 SST 分布进行绘制:

```matlab
[lat,lon]=meshgrid(lats,lons);
figure();                % 开始绘制前,用 figure()生成画布
m_proj('miller','lon',[0,360],'lat',[-88,88]);     % 投影模式
m_pcolor(lon,lat,sst1998);        % 色彩示意图

% shading flat;     % 隐藏阴影
colormap(jet);      % 色调模式
m_coast('patch',[.7 .7 .7],'edgecolor','black');
m_grid('box','fancy','tickdir','in','fontsize',18);    % 整饰边框
set(gca,'fontsize',18);      % 设置字体字号为 16
h= colorbar('eastoutside','fontsize',18);        % 添加 colorbar
set(get(h,'ylabel'),'String','Sea Surface Temperature (degC)');
title('Mean SST of 1998','Fontsize',18);
```

得到的结果如图 7-1 所示。

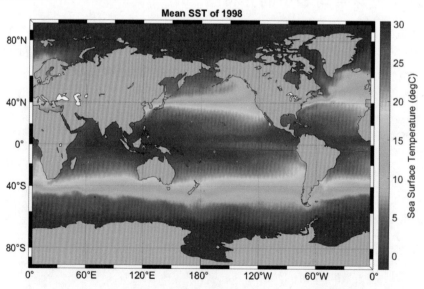

图 7-1　运行代码得到的 1998 年全球平均海表温度分布图

注:"Sea Surface Temperature(degC)"表示海表温度(℃),简写为 SST,后同。

学生可尝试对代码进行修改,画出 1999 年的全球平均 SST 和 1990—2019 年的全球平均 SST。结果如图 7-2 和图 7-3 所示。

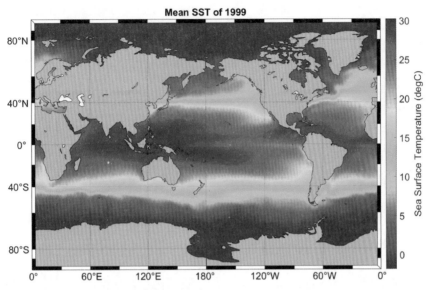

图 7-2　通过修改代码得到的 1999 年全球海表平均温度分布图

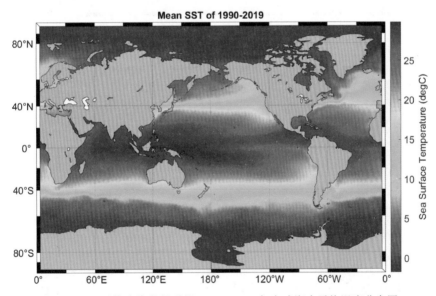

图 7-3　通过修改代码得到的 1990—2019 年全球海表平均温度分布图

从以上结果可以看出,1998 年和 1999 年的平均 SST 差距似乎并不大。这是因为 SST 的年际变化范围(1~2℃)相比于 SST 的空间变化范围(超过 30℃)太小,因此从图中难以看出不同时间的显著差异。故可以进一步分别尝试画出 1998 和 1999 年的 SST Anomaly(距平),即某年的平均值与多年平均值(1990—2019)的差值。不难发现,1998 年(El Nino 年)和 1999 年(La Nina 年)的温度存在显著区别。假设 sst1998、sstall 分别是 1998 年和多年的 SST 平均值,则通过下面的代码就可以画出距平的分布。

```
m_pcolor(lon,lat,sst1998-sstall);      % 色彩示意图
caxis([-2 2])      % 可使用设置 caxis 设置 colorbar 上下限(也可不要)
```

得到结果如图 7 - 4 所示。

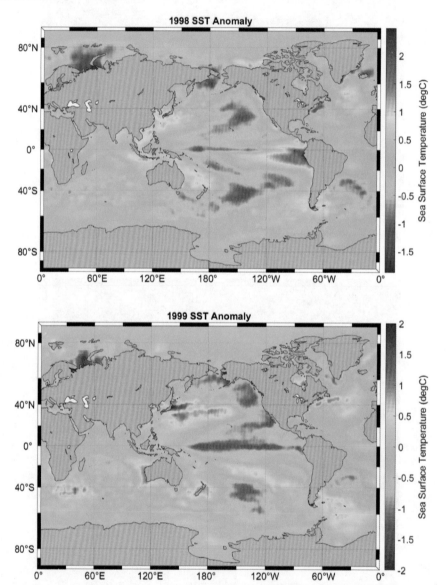

图 7 - 4    通过修改代码得到的 1998 年(上)和 1999 年(下)全球平均海表温度距平的分布图

## 7.3.4    某点 SST 时间序列与变化趋势

从数据中,可以获得任何一个经纬度坐标不同时间的 SST 值,构成了一个时间序列。利用线性拟合的方法,将拟合结果写为 $y=kx+b$,$y$ 代表海表温度,$x$ 代表时间,$k$ 可以反映温度

随时间变化的速率,$b$ 为常数项。MATLAB 中的线性拟合可以通过函数 polyfit 进行。

选取东经 173.5°北纬 20.5°进行分析,结合这一点的海表温度的时间序列,画出拟合结果。选择东经 173.5°北纬 20.5°,首先要找到这个经纬度所对应的坐标位置。可以将变量 lons 和 lats 都打印出来,或者在 Workspace 中查看变量,看一下东经 173.5°和北纬 20.5°分别在这两个矩阵的什么位置,可以查看 lons 和 lats 分别是两个等差数列:

lons:$[0.5,1.5,2.5,3.5,4.5,5.5,6.5,\cdots,353.5,354.5,355.5,356.5,357.5,358.5,359.5]$

lats:$[89.5,88.5,87.5,86.5,85.5,84.5,83.5,\cdots,-83.5,-84.5,-85.5,-86.5,-87.5,-88.5,-89.5]$

从中不难发现东经 173.5°(173.5)在 lon 的第 174 个索引位置,北纬 20.5°在 lat 的第 70 个索引位置。东经 173.5°北纬 20.5°的 SST 时间序列就是 sst(174,70,1:end)。除了人工数数这样的"笨办法",还可以用 find 的方法找到对应的索引。通过如下代码:

```
find(lons==173.5)
find(lats==20.5)
```

也可以得到对应 lon、lat 中的坐标 174 和 70。然后,通过这一坐标,找出对应的 SST 序列时空范围,具体代码如下:

```
time_trend_1=datenum(1990,1,1)-datenum(stdate);
% 1990.1.1 距起始时间的天数
time_trend_2=datenum(2019,12,31)-datenum(stdate);
% 1990.1.31 距起始时间的天数
trange_trend=find(time>=time_trend_1 & time<=time_trend_2);
time_trend=time(trange_trend);
sstpoint=squeeze(sst(174,70,trange_trend));    % 注意查看 nc 文件中变量描述
% 173.5°E, 20.5°N 1990—2019 年的 SST 时间序列,np.squeeze 的左右是把一个 N×1×1 的
% 三维矩阵变成一个长度为 N 的一维矩阵
```

对 SST 序列随时间进行线性回归,具体代码如下:

```
p_trend=polyfit(time_trend,sstpoint,1);
% 将 time_trend 作为 x,sstpoint 作为 y 进行线性回归,
% 最后的 1 表示 1 次回归,如果改成 2 则是用 2 次函数 y=kx^2+jx+b 进行拟合
% 相当于用 y=p_trend[0]*x+p_trend[1]拟合
% 斜率的单位是°C/d(由 x 和 y 的单位决定)
yi_trend=polyval(p_trend,time_trend);
% 把 time9019 作为自变量带入回归方程,得到回归线上不同 x 对应的 y 值
```

绘制时间序列及回归直线,具体代码如下:

```
figure;
plot(time_trend+datenum(1800,1,1),sstpoint,'color','blue','LineWidth',1)
% 画时间序列
xlim([time_trend(1)+datenum(1800,1,1),time_trend(end)+datenum(1800,1,1)]);
% x轴限制
datetick('x','yyyy','keeplimits');   % 使用时间坐标轴
set(gca,'fontsize',11);
set(gca,'tickdir','out');
xlabel('Year');
ylabel('SST (°C)');
hold on          % 继续在这张图上画
plot(time_trend+datenum(1800,1,1),yi_trend,'color','red','LineWidth',2);
% 画拟合曲线
legend('SST','Linear Fit');      % 图例
```

运行的结果如图 7-5 所示。

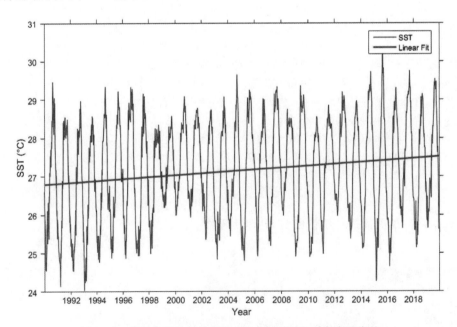

图 7-5   利用代码绘制的东经 173.5°北纬 20.5°海表温度的
时间序列(蓝线)及其线性拟合的结果(红线)

从图 7-5 中可以看到 SST 显著的季节变化,且随着时间变化存在显著的总体上升趋势。如果对 p_trend(1)的值进行检视,发现该点的海表温度以 $6.673 \times 10^{-5}$ °C/d 的速率上升,将

这个数乘以 365.25(平均每年的天数),就得到平均每年上升的度数,大约是0.024℃/a,也就是在近 30 年平均增长了 0.72℃ 左右。在实际进行趋势分析的时候,有时候先要排除季节信号的影响,如对数据以年为单位进行滑动平均等,有兴趣的学生可以尝试,看看结果是否有显著不同。

## 7.3.5 全球 SST 变化的趋势分布图

计算全球 SST 变化趋势的思路是利用循环,遍历所有经纬度,然后逐一计算各点的 SST 变化趋势,计算代码如下:

```
trendsst=zeros(360,180);
% 先定义一个矩阵存储趋势
for n=1:360
    for m=1:180
    sstpoint=squeeze(sst(n,m,trange_trend));
    % 两层循环,180 个经度和 360 个纬度,然后逐点计算
    p_trend=polyfit(time_trend,sstpoint,1);    % 返回斜率,x=0 时 y 的值
    trendsst(n,m)=p_trend(1)*365.25;    % 拟合直线的斜率即趋势,转换成℃/a
    end
end
```

对得到的 trendsst 矩阵绘制,即可得到图 7-6 所示的全球 SST 变化趋势。

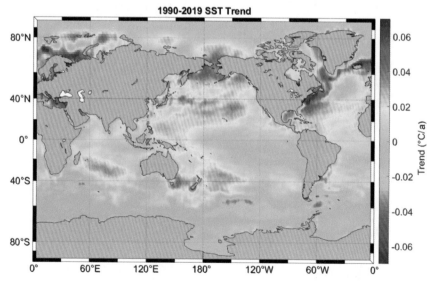

图 7-6 利用本节代码绘制的全球 SST 在 1990—2019 年期间的变化趋势

注:"1990-2019 SST Trend"表示"1990—2019 年海表温度趋势","Trend(℃/a)"为变化趋势(℃/a)。

# 7.4  课堂/课后作业

(1)画出 1998 年和 1999 年的 SST 差值,比较主要的差异集中在哪些区域,试分析原因。

(2)绘制 1990—2019 年全球不同位置 SST 最大值和最小值,以及最大值与最小值差值的分布,并描述分布的特征,试分析原因。最大值和最小值函数(max、min)与 mean 用法类似。

(3)绘制 1990—2019 年全球不同位置 SST 的标准差,并描述分布特征。

(4)选取 140.5°W 经线上 5 个不同纬度(0.5°N、20.5°N、40.5°N、60.5°N、80.5°N)的点,在同一张图上画出 5 个点 1990—2000 年的海表温度变化曲线,并简要回答为什么会呈现这样的变化。参考代码(注意:注释已删除,重点思考各位置的索引是如何找到的)如下:

```
time_1=datenum(1990,1,1)-datenum(stdate);
time_2=datenum(2000,12,31)-datenum(stdate);
trange=find(time>=time_1 & time<=time_2);
time_slc=time(trange);
sst0N=squeeze(sst(220,90,trange));
sst20N=squeeze(sst(220,70,trange));
sst40N=squeeze(sst(220,50,trange));
sst60N=squeeze(sst(220,30,trange));
sst80N=squeeze(sst(220,10,trange));
figure;
plot(time_slc+datenum(1800,1,1),sst0N,'LineWidth',2)
hold on ;plot(time_slc+datenum(1800,1,1),sst20N,'LineWidth',2)
hold on ;plot(time_slc+datenum(1800,1,1),sst40N,'LineWidth',2)
hold on ;plot(time_slc+datenum(1800,1,1),sst60N,'LineWidth',2)
hold on ;plot(time_slc+datenum(1800,1,1),sst80N,'LineWidth',2)
xlim([time_slc(1)+datenum(1800,1,1),time_slc(end)+datenum(1800,1,1)]);
datetick('x','yyyy','keeplimits');
set(gca,'fontsize',17);
set(gca,'tickdir','out');
xlabel('Year');
ylabel('SST (°C)');
legend('0°N','20°N','40°N','60°N','80°N');
```

参考结果执行结果如图 7-7 所示。

(5)如果上题未能独立解出,那么在理解上述示例代码后,另选取 160.5°W 经线上 5

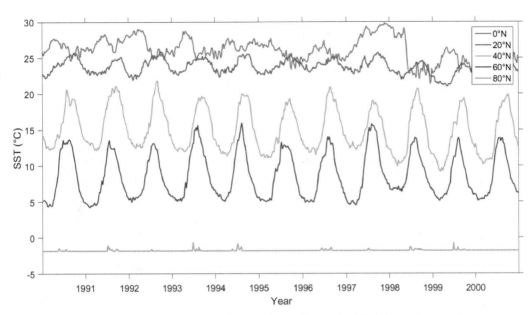

图 7-7 需得到的 1990—2000 年 140.5°W 经线上 5 个不同纬度(0.5°N、20.5°N、40.5°N、60.5°N、80.5°N)的点的海表温度变化曲线

个不同纬度(60.5°S、30.5°S、0.5°N、30.5°N、60.5°N)的点,在同一张图上画出 5 个点 1990—2000 年的海表温度变化曲线,并简要回答为什么会呈现这样的变化。参考结果 如图 7-8 所示。

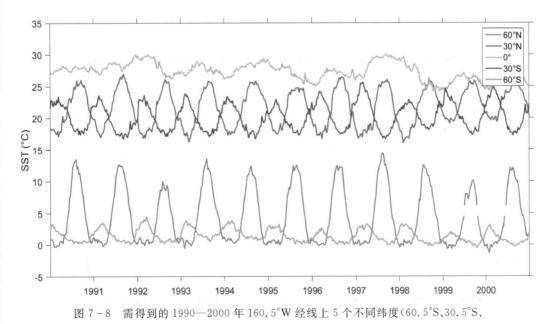

图 7-8 需得到的 1990—2000 年 160.5°W 经线上 5 个不同纬度(60.5°S、30.5°S、0.5°N、30.5°N、60.5°N)的点的海表温度变化曲线

(6)本实验的在线文件夹中提供了一个名为"ww3.201001_wnd.nc"的文件,该文件是美国国家环境预测中心(NCEP)气候预测系统再分析数据产品中 2010 年 1 月的逐小时全球海表面风场数据。试用该数据画出以下内容:①2010 年 1 月全球平均风速的分布;②2010 年 1 月全球平均风速的变化趋势(此趋势无物理意义,此处绘制只是为了数据处理练习);③选取 150°W 50°S 这一点,在同一张图上画出其 2010 年 1 月的风速曲线。参考结果如图 7-9~图 7-10 所示。

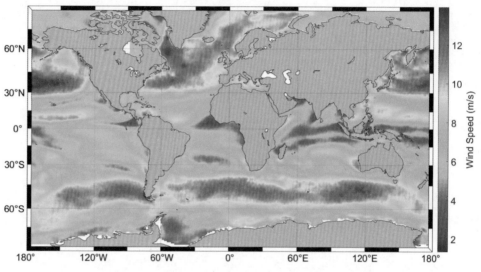

图 7-9 需得到的 2010 年 1 月全球平均风速分布图

注:"Wind Speed(m/s)"表示风速(m/s)。

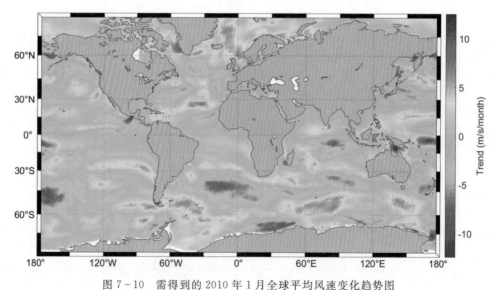

图 7-10 需得到的 2010 年 1 月全球平均风速变化趋势图

注:"Trend(m/s/month)"表示风速变化趋势[(m/(s·moth)]。

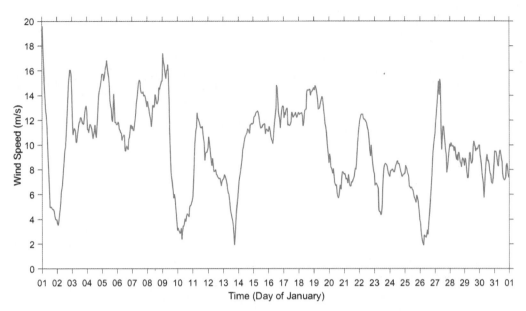

图 7-11 需得到的 150°W50°S 点在 2010 年 1 月的风速曲线

注:"Time(Day of January)"表示 2010 年 1 月每天。

# 8 实验七 散射计沿轨风场数据处理（MATLAB）

## 8.1 实验目的

(1)掌握用 MATLAB 对 HDF5(.h5)格式数据的信息查询与读写。
(2)学会查看数据说明文档。
(3)掌握用 MATLAB 对以散射计数据为代表的沿轨数据及以风场为代表的矢量数据进行可视化的基本操作。

## 8.2 实验任务

(1)阅读 HY－2B 散射计风场产品用户手册,通过数据手册理解数据的组织方式。
(2)利用 MATLAB 查阅文件中的信息。
(3)对卫星散射计测得的沿轨标量数据(风速)的空间分布进行可视化。
(4)对卫星散射计测得的沿轨矢量数据(风向)的空间分布进行可视化。
(5)将数据中的关键信息用 CSV 的格式输出。

## 8.3 实验步骤

### 8.3.1 数据下载

本实验所用的数据可以从国家卫星海洋应用中心的中国海洋卫星数据服务系统免费下载,网址是 https://osdds.nsoas.org.cn/。本实验用到的数据是海洋 2 号 B 星(HY－2B)在 2020 年 4 月 15 日获取的 13 轨 Level 2－B(L2B)数据,轨道编号分别是 07352～07364,即文件名从"H2B_OPER_SCA_L2B_OR_20200415T014106_20200415T032530_07352_pwp_250_04_owv"到"H2B_OPER_SCA_L2B_OR_20200415T223433_20200416T001857_07364_pwp_250_04_owv"。数据可以从中国海洋卫星数据服务系统下载,也可以从本实验的网盘链接下载,具体来源如下。

链接:https://pan.baidu.com/s/1gc7Pg6FWEpWeOCbsc7Qc－A。
TinyURL:https://tinyurl.com/mwmcbpbf。
提取码:ORSE。

　　下载文件夹中的"散射计数据.zip"并解压后即可开展后续实验。解压的文件夹中除了数据本身外,还有本数据的数据手册。该手册详细记载了 HY - 2B 的卫星轨道参数、数据处理方式、数据产品文件格式、变量名称以及相应含义。在正式开始后续数据处理前,请认真浏览数据说明。

## 8.3.2　查看并读取数据信息

　　上述数据手册中详细地介绍了数据的各类属性和变量,在此用 MATLAB 对数据进行读取并查看文件的属性信息和变量信息,具体代码如下:

```
file='H2B_OPER_SCA_L2B_OR_20200415T223433_20200416T001857_07364_pwp_250_04_owv.
h5';    % 不换行
h5disp(file)        % 查看 h5 文件信息
```

得到相应的信息如下:

```
Group'/'
    Attributes:    % 文件属性
        'Long_Name':  'HY-2B/SCAT Level 2B Ocean Wind Vectors in 25.0 km Swath Grid'
        'Short_Name': 'HY-2B-SCAT-L2B-25km'
        ……
        (信息较多,部分内容省略)
        ……
    Dataset'wind_dir_selection'    % 变量属性
        Size:   76x1624
        MaxSize: 76x1624
        Datatype:  H5T_STD_I16LE (int16)
        ChunkSize: []
        Filters:  none
        FillValue: 0
        Attributes:
            'scale_factor':  0.100000
            'add_offset':  0.000000
            'units': 'deg'
            'valid_range':  0 3599
            'fill_value':  -32767
        ……
```

　　HDF5 的数据组织结构与 NetCDF 非常相似。建议学生结合数据手册对上述信息进行解读。本实验需要用到的信息包括不同观测时间观测到数据的经纬度以及对应的风速和风向信息,结合数据手册,变量名称分别是"wvc_lon""wvc_lat""wvc_row_time""wind_speed_selection""wind_dir_selection"。利用以下代码进行读取:

```
lon=h5read(file,'/wvc_lon');        % 读取经度
lat=h5read(file,'/wvc_lat');        % 读取纬度
obs_time=h5read(file,'/wvc_row_time');        % 读取观测时间
% 读取风速,根据数据手册,风速是 wind_speed_selection
speed=h5read(file,'/wind_speed_selection');
% 读取风向,根据数据手册,风速是 wind_dir_selection
direction=h5read(file,'/wind_dir_selection');
```

### 8.3.3　标量数据绘制

首先画出每个观测所对应的时间,以对散射计的观测方式有更加清晰的认识。对数据进行检视,不难发现 obs_time 的大小是 1624×1,而 lon、lat、speed 和 direction 的大小都是 76×1624。根据对宽刈幅传感器(例如散射计)的认识可知,1 个时刻可以扫描"1 行"76 个观测值。为了后续画图需要,故对 obs_time 进行"各行"扩展,使之其余 4 个矩阵的大小一致。此外,数据中的时间是以字符串格式存储的,根据字符串各位所表达的含义,将其转换为 datenum 格式。数据预处理与绘图代码如下:

```
obs_t_num=[]
for i=1:length(obs_time)
    % 原 obs_time{1}为'20200415T01:41:06   1-4 位:年   5-6 位:月 ……
    year=obs_time{i}(1:4);
    month=obs_time{i}(5:6);
    day=obs_time{i}(7:8);
    h_m_s=obs_time{i}(10:17);
    str_time=[year ':' month ':' day ':' h_m_s];
    formatIn= 'yyyy:mm:dd:HH:MM:SS';
    time=datenum(str_time, formatIn);
    % 将时间字符串转换按 formatIn 的格式转换为 datenum 格式
    obs_t_num(i)=time;
end
obs_t_num_all=repmat(obs_t_num, [76,1]);
% 用 repmat 对时间变量 obs_t_num 进行"各行"扩展使之大小变成 76×1624

% 后面画图用的 m_scatter 函数只能对一维矩阵进行绘制,需把 76×1624 的矩阵拉成一个列向量
lon_vec=lon(:);        % 经度信息处理成列向量
```

```matlab
lat_vec=lat(:);        % 纬度信息处理成列向量
time_vec= obs_t_num_all(:);      % 时间信息处理成列向量
% 绘图
m_proj('Miller','lon', [0 360]);
m_coast('patch', [.7 .7 .7],'edgecolor','none');
m_grid('box','on','fontsize', 18,'linewidth', 2.0);
hold on;
% 用密集的散点去绘制一个面
m_scatter(lon_vec, lat_vec, 3, time_vec,'filled');
h=colorbar('southoutside','ticks', [obs_t_num(1), obs_t_num(end)], ...
'YTickLabel', {obs_time{1}(1:17), obs_time{end}(1:17)},'fontsize', 18);
% 用'YTickLabel'去设置 colorbar 的标签
```

得到的结果如图 8-1 所示,从图中时间的变化顺序可以看出卫星运行的轨道方向。

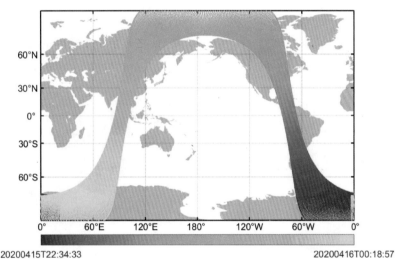

图 8-1　利用本节观测时间可视化代码得到的散射计数据获取时间分布图

注:图中时间表示 2020 年 4 月 15 日 22:34:33—2020 年 4 月 16 日 00:18:57。

　　利用类似的方法也可以对任务中的风速数据进行可视化。但需要注意,根据用户手册,"wind_speed_selection"是风速乘以 100 后得到的值,需要对其除以 100 得到符合物理意义的风速测量值。此外,风速数据中存在无效值-32767,需要对此无效值进行删除(可以尝试不删除此无效值,查看会得到什么样的结果)。风速数据可视化具体代码如下:

```matlab
speed_vec=double(speed(:))/100.;        % 风速信息处理成列向量并比例还原
% double 把 int16 转化成 double 型,便于后续运算
```

```
dir_vec=double(direction(:))/10.;        % 风向信息处理成列向量
    % 删除无效数据(风速< 0m/s)先用 find 找出无效值的位置,然后删除即可
NaNindex=find(speed_vec<0);
lon_vec(NaNindex)=[];
lat_vec(NaNindex)=[];
speed_vec(NaNindex)=[];
dir_vec(NaNindex)=[];

m_proj('Miller','lon', [0 360],'lat', [-75,75]);
m_coast('patch', [.7 .7 .7],'edgecolor', 'none');
m_grid('box', 'on','fontsize', 17,'linewidth', 1.0);
h=colorbar();
caxis([3 17])
hold on;
m_scatter(lon_vec, lat_vec, 3,speed_vec,'filled');
set(gca,'fontsize',17);
h.Label.String= 'Surface Wind Speed (m/s)';
```

得到的结果如图 8 - 2 所示。

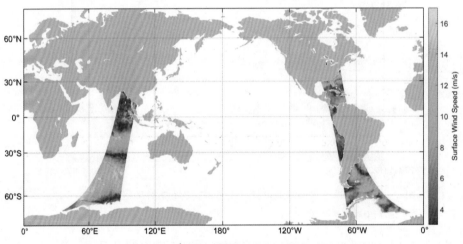

图 8 - 2  利用风速数据可视化代码得到的散射计风速分布图

注:"Surface Wind Speed(m/s)"表示表面风速(m/s)。

在此基础上,可以用循环的方法逐一画出文件夹中 13 个文件的时间和风速。可以用 dir 列出一个文件夹中的所有文件。参考代码如下:

```
% 先把画布和投影设置好,然后在这张画布上多次绘制
m_proj('Miller','lon', [0 360],'lat', [-75,75]);
```

```
m_coast('patch', [.7 .7 .7],'edgecolor', 'none');
m_grid('box', 'on', 'fontsize', 17, 'linewidth', 1.0);
h=colorbar();
caxis([3 17])
set(gca,'fontsize',17);          % 设置字体字号为
h.Label.String= 'Surface Wind Speed (m/s)';          % 标注 colorbar

% 通过循环逐一读取文件并绘制
filelist=dir('*.h5');   % 注意目录的正确
for i=1:length(filelist)
    file=[filelist(i).name];          % 注意目录的正确
    lon=h5read(file,'/wvc_lon');
    lat=h5read(file,'/wvc_lat');
    speed=h5read(file,'/wind_speed_selection');
    lon_vec=lon(:);
    lat_vec=lat(:);
    speed_vec=double(speed(:))/100.;
    NaNindex=find(speed_vec< 0);
    lon_vec(NaNindex)=[];
    lat_vec(NaNindex)=[];
    speed_vec(NaNindex)=[];
    hold on
    m_scatter(lon_vec, lat_vec, 3,speed_vec,'filled');
end
```

结果如图 8-3 所示。

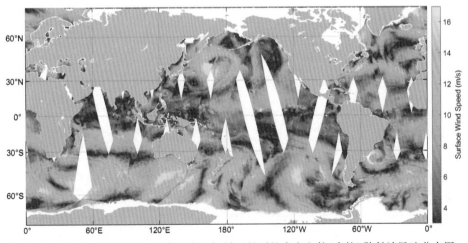

图 8-3 通过风速数据可视化代码中添加循环得到的多个文件(多轨)散射计风速分布图

除对文件进行逐一读取绘图的方法以外，还可以一次性把所有的文件先读取到内存中，然后再一起进行绘图。例如对于各点观测时间的绘制，由于各文件中的上限、下限都不一样，采用上面 13 个文件逐一绘制的思路所需要的数据预处理工作量会稍大一些。下面的案例展示了另一种思路下绘制文件夹中 13 个文件中各点观测时间的方法，具体代码如下：

```matlab
clc;clear
filelist=dir('*.h5');   % 注意目录的正确
lon_vec=[];     % 空矩阵处理经度信息列向量
lat_vec=[];     % 空矩阵处理纬度信息列向量
time_vec=[];    % 空矩阵处理时间信息列向量
for i=1:length(filelist)
    lon=h5read(filelist(i).name,'/wvc_lon');
    lon=lon(1:3:end,1:3:end);
    % 对数据进行抽稀，即每隔 3 行 3 列取一个数，虽然会漏画一些点但
    % 可以提高绘制的效率   对于后面风向的绘制,该抽稀步骤非常重要
    lat=h5read(filelist(i).name,'/wvc_lat');
    lat=lat(1:3:end,1:3:end);
    obs_time=h5read(filelist(i).name,'/wvc_row_time');
    if i==length(filelist)
        time1str=obs_time{end}(1:17);   % 记录起始时刻(colorbar 用)
    end
    if i==1
        time0str=obs_time{1}(1:17);   % 记录最后时刻(colorbar 用)
    end
    obs_t_num=[];
    for j=1:length(obs_time)
        year=obs_time{j}(1:4);      month=obs_time{j}(5:6);
        day=obs_time{j}(7:8);       h_m_s=obs_time{j}(10:17);
        str_time=[year ':' month ':' day ':' h_m_s];
        formatIn= 'yyyy:mm:dd:HH:MM:SS';
        time=datenum(str_time, formatIn);
        obs_t_num(j)=time;
    end
    obs_t_num_all=repmat(obs_t_num, [76,1]);   % 保持维数与经纬度相同
    obs_t_num_all=obs_t_num_all(1:3:end,1:3:end);
    lon_vec=[lon_vec;lon(:)];
    lat_vec=[lat_vec;lat(:)];
    time_vec=[time_vec;obs_t_num_all(:)];
    % 经度、纬度、时间信息处理成列向量并拼接到前一个文件的向量上
```

```
end
m_proj('Miller','lon', [0 360]);
m_coast('patch', [.7 .7 .7], 'edgecolor', 'none');
m_grid('box', 'on', 'fontsize', 18, 'linewidth', 2.0);
hold on;
% 用密集的散点去绘制一个面
m_scatter(lon_vec, lat_vec, 3, time_vec,'filled');
h=colorbar('southoutside','ticks', [time_vec(1), time_vec(end)], ...
   'YTickLabel', {time0str, time1str},'fontsize', 18);
```

运行结果如图 8-4 所示。

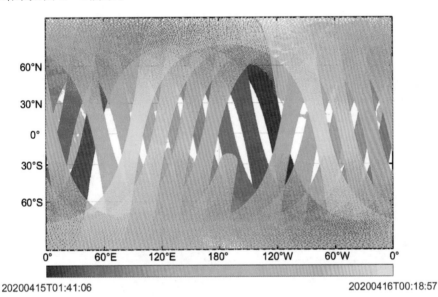

图 8-4 通过观测时间可视化代码中添加循环得到的多轨散射计观测时间分布图

## 8.3.4 矢量数据绘制

下一步拟对风向数据进行绘制。根据用户手册,"wind_dir_selection"是风向乘以 10 后得到的值,需要对其除以 10 得到符合物理意义的风向测量值。当然也可以通过不同的颜色来表示不同的风向,但这样的方法并不直观。如图 8-5 所示,很难直观地看清楚风的方向究竟是什么样的。因此,通常采用矢量箭头或风羽图来表风向。在这里利用矢量箭头的指向来表示风向,同时在箭头下面保留风速的分布。地图中矢量箭头的绘制,可用 m_map 包中的 m_quiver 或 m_vec 函数进行。从图 8-5 可以看出,数据在图上的分布是很密集的,如果每一个数据点都绘制一个箭头,会导致箭头太密集,无法从图中获取信息。因此,在绘制风向时,通常会对数据进行"抽稀"操作,即人为地降低数据分辨率,从而使箭头之间不重叠。

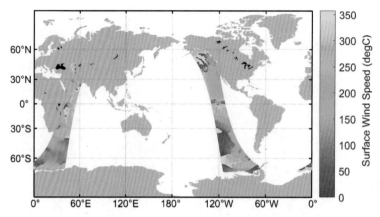

图 8-5 用标量绘制的方法对风向进行绘制得到的结果图

风速和风向数据可视化代码如下：

```
clc;clear
file='H2B_OPER_SCA_L2B_OR_20200415T014106_20200415T032530_07352_pwp_250_0
4_owv.h5';   % 不用换行
lon=h5read(file,'/wvc_lon');   % 读取经度
lat=h5read(file,'/wvc_lat');   % 读取纬度
speed=h5read(file,'/wind_speed_selection');
direction=h5read(file,'/wind_dir_selection');

% _low是低分辨率数据,用于绘制风向箭头
dir_low=double(direction(3:10:end,1:10:end))/10.;  % 每隔10行10列画一个箭头
speed_low=double(speed(3:10:end,1:10:end))/100.;
% 同时也要对风向对应的风速和经纬度抽稀,抽稀风速是为了删除无效值风速下的无效风向
lon_low=lon(3:10:end,1:10:end);
lat_low=lat(3:10:end,1:10:end);
lon_lowvec=lon_low(:);   lat_lowvec=lat_low(:);
dir_lowvec=dir_low(:);   speed_lowvec=speed_low(:);
NaNindex=find(speed_lowvec< 0);   % 删去风速无效值及其对应的风向信息
lon_lowvec(NaNindex)=[];    lat_lowvec(NaNindex)=[];
speed_lowvec(NaNindex)=[];  dir_lowvec(NaNindex)=[];
lon_vec=lon(:);   % 原始分辨率,用于绘制风速(也可每隔1～2个进行抽稀,影响不大)
lat_vec=lat(:);
speed_vec=double(speed(:))/100.;
NaNindex=find(speed_vec< 0);   % 删去风速无效值
```

```
lon_vec(NaNindex)=[];    lat_vec(NaNindex)=[];
speed_vec(NaNindex)=[];

ulow=sind(dir_lowvec);    % 风向的东向分量
vlow=cosd(dir_lowvec);    % 风向的北向分量
m_proj('Miller','lon', [0 360]);
m_coast('patch', [.7 .7 .7],'edgecolor','none');
m_grid('box','on','fontsize', 18,'linewidth', 1.0);
hold on;
m_scatter(lon_vec, lat_vec, 3,speed_vec,'filled');    % 风速绘制

set(gca,'fontsize',18);
h=colorbar(); caxis([0,20]); colormap('jet')
h.Label.String='Surface Wind Speed (m/s)';
set(gca,'fontsize',18);
hold on;
m_quiver(lon_lowvec,lat_lowvec,ulow,vlow,'color','k');    % 绘制风向箭头
% m_vec(13, lon_lowvec,lat_lowvec,ulow,vlow); % 也可 m_vec 绘制风向箭头,但要注
% 意 m_vec 的后 4 个输入都必须是 double 类型
```

结果如图 8-6 所示。

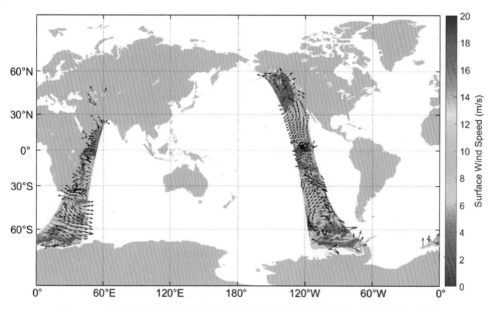

图 8-6　利用风速和风向数据可视化代码得到的散射计风速及风向分布图

## 8.3.5　文件格式转换

对数据进行格式转换和暂存能够使得在下一次使用数据前更方便地进行数据的读取,在此将数据转换成一个 CSV 格式的文件。示例代码如下:

```
clc;clear
file='H2B_OPER_SCA_L2B_OR_20200415T014106_20200415T032530_07352_pwp_
250_04_owv.h5';
lon=h5read(file,'/wvc_lon');
lat=h5read(file,'/wvc_lat');
speed=h5read(file,'/wind_speed_selection');
direction=h5read(file,'/wind_dir_selection');

fid=fopen('char1.txt','wt');
lon=lon(:);
lat=lat(:);
speed=speed(:);
direction=direction(:);
fprintf(fid,'longitude latitude windSpeed windDir \n');
for i=1:length(speed)
    fprintf(fid,'%.2f %.2f',lon(i),lat(i));
    fprintf (fid,' %.2f %.2f \n',double(speed(i))/100.0, ...
            double(direction(i))/10.0);
end
fclose(fid);
```

注意:此处只是简单对数据进行了存储,若对数据进行查看将会发现数据中有非常多的无效值也被存储了下来。学生可尝试结合前面的质量控制相关代码删除无效值,对结果进一步进行优化。

## 8.4　课堂/课后作业

(1)删去所转换 CSV 文件中的所有无效值,或重新存储一个没有无效值的 CSV 文件。

(2)结合本章所学内容,对代码略作修改,画出图 8-7 所示的所有数据的风速、风向分布。

(3)利用第 7 章课堂/课后作业中的 NCEP-CFSR 数据产品"ww3.201001_wnd.nc",画出 2020 年 1 月 1 日 UTC-03:00 时刻的全球风场(风速和风向)分布,参考结果如图 8-8 所示。

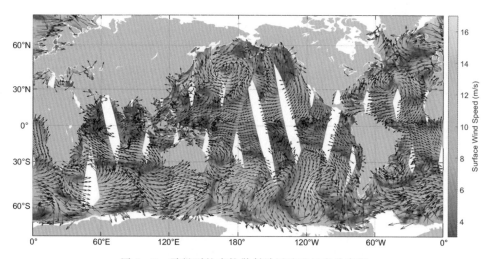

图 8-7 需得到的多轨散射计风速和风向分布图

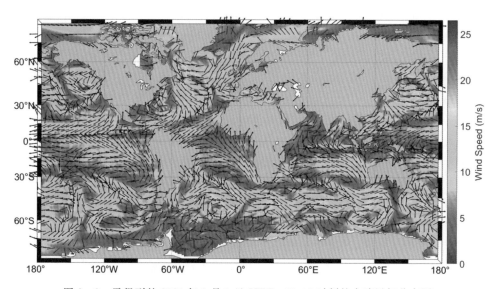

图 8-8 需得到的 2020 年 1 月 1 日 UTC-03:00 时刻的全球风场分布图

# 9 实验八 高度计波高的验证与校准（MATLAB）

## 9.1 实验目的

(1)掌握用卫星与现场观测配准和对比验证的基本方法。
(2)掌握数据线性回归校准和二次回归校准的基本方法。

## 9.2 实验任务

(1)利用 MATLAB 查阅 NetCDF 格式的高度计数据信息，了解其常用组织结构。
(2)利用 MATLAB 画出单日的高度计轨道信息和有效波高的全球分布。
(3)在美国国家浮标数据中心（National Data Buoy Center，简称 NDBC）网站，查询浮标的位置，并下载浮标的数据。
(4)利用于高度计观测几乎同一时间、地点的浮标数据对高度计数据进行检验，即找出高度计卫星经过上述浮标附近（距离小于 75km）时的有效波高数据，同时在对应的浮标数据中找出距离卫星过境时刻最接近的有效波高现场观测数据，在散点图上对两个数据进行对比，计算两组数据的平均偏差、均方根误差和相关系数。
(5)以浮标数据为参考，对高度计数据进行校准，并对校准后的误差重新进行计算。

## 9.3 实验步骤

### 9.3.1 数据下载

本实验所用的数据是一个多源高度计集成的观测数据集，数据集中包含了 ERS－1/2、ENVISAT、TOPEX/Poseidon、Jason－1/2、GEOSAT 等多颗高度计卫星观测的有效波高和风速等数据产品。数据由法国海洋开发研究院卫星与物理海洋学实验室生产。本实验用到 2012 年 9 月的数据，文件名为从"wm_20120901. nc"到"wm_20120930. nc"。数据可以从法国海洋开发研究院的 FTP 服务器下载，网址为 ftp://ftp. ifremer. fr/ifremer/cersat/products/swath/altimeters/waves/，也可以从本实验的网盘链接下载，具体来源如下。
链接：https://pan. baidu. com/s/1gc7Pg6FWEpWeOCbsc7Qc－A。
TinyURL：https://tinyurl. com/mwmcbpbf。

提取码:ORSE。

下载文件夹中的"altimeter_data"后即可开展后续实验。此外,网盘中的"buoy_data"中包含 5 个 NDBC 浮标在 2012 年的气象观测数据,可以一并下载。当然,这些数据也可以在 NDBC 官网上获取,网址为 https://www.ndbc.noaa.gov/,具体的获取方式会在下文进行介绍。

## 9.3.2　查看并读取数据信息

在 MATLAB 的交互命令行下输入"ncdisp('altimeter_data\wm_20120901.nc')"对数据信息进行查看,得到的结果如下所示:

```
Format:
        classic
Global Attributes:
        Producer_Agency        ='IFREMER'
        ……
        (部分内容省略)
        ……
        East_Longitude         ='179.998632'
Dimensions:
        mes=146645
Variables:
    time
        Size:      146645x1
        Dimensions: mes
        Datatype:   double
        Attributes:
                long_name    ='time'
                units        ='days since 1900-1-1 0:0:0'
        ……
        (部分内容省略)
        ……
    satellite
        Size:      146645x1
        Dimensions: mes
        Datatype:   int8
        Attributes:
                long_name    ='satellite (1:ERS1 ; 2:ERS2 ; 3:ENVISAT ; 4:
TOPEX ; 5:POSEIDON ; 6:JASON1 ; 7:GFO ; 8:JASON2 ; 9:CRYOSAT ; 10:SARAL)'
……后续内容省略
```

虽然这个数据中有大量的变量信息，但其维度非常简单，只有一个维度 mes（measurement，测量），即所有变量都是 1 位矩阵，长度为 mes 这个维度上的长度（本数据中是 146645）。这是因为高度计只能对星下点进行测量，即每 1 次测量对应着 1 组变量（时间、经度、纬度、波高、风速、后向散射截面、卫星编号等）。其中，注意变量 satellite 共有 10 种取值，不同的取值代表不同的卫星，例如 1 代表 ERS1，4 代表 TOPEX，6 代表 JASON1 等。下面读入所有卫星的观测时间和波高，并对其进行简单的可视化，具体指令代码如下：

```
filename= 'altimeter_data/wm_20120930.nc'
time=ncread(filename,'time');
lon=ncread(filename,'lon');
lat=ncread(filename,'lat');
swh=ncread(filename,'swh');
time=(time- time(1))*24;    % 距离第一个时刻的小时数
m_proj('Miller','lon', [-180 180],'lat', [-80,80]);
m_coast('patch', [.7 .7 .7], 'edgecolor', 'none');
m_grid('box', 'on', 'fontsize', 18, 'linewidth', 1.0);
h=colorbar();
set(get(colorbar,'label'),'string',...
'Hours since the first observation','fontsize',18)
set(gca,'fontsize',18); hold on
m_scatter(lon,lat,1,time,'linewi',0.2);
```

上述代码仅以时间为例，结果如图 9-1 所示。波高的可视化操作学生可自行完成，结果如图 9-2 所示。

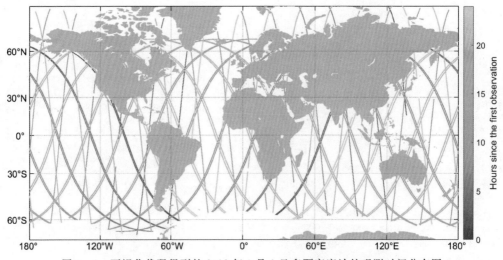

图 9-1  可视化代码得到的 2012 年 9 月 1 日多颗高度计的观测时间分布图
注："Hours since the first observation"表示自第一个观测经过的小时数。

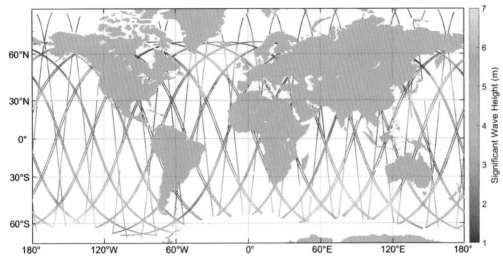

图 9-2 可视化代码略作修改得到的 2012 年 9 月 1 日多颗高度计观测的有效波高分布图

注:"Significant Wave Height(m)"表示有效波高(m),简称 SWH。

可以看出,即使是多颗高度计一天时间内仍然无法实现"全球覆盖",无法测量到很多地方。相信到此阶段,学生也能够很轻松地用循环做出 2012 年 9 月第 1 个周以及 9 月整月观测的有效波高分布图。不难发现,有 1 周的数据即可实现大部分区域的覆盖。接下来,学生也可以尝试仅选择 1 颗卫星,如 JASON-1,查看 1 天、1 周、1 个月的数据覆盖情况。

提示:卫星的筛选可以使用 find 函数。循环中文件的逐一读取可以用以下示例代码:

```matlab
for day=1:30
    if day <10
        daystr=['0' num2str(day)];        % 数字转字符串
    else
        daystr=num2str(day);
    end
    filename=['altimeter_data/wm_201209' daystr '.nc']
    time=ncread(filename,'time');
    ......
end
```

运行结果如图 9-3~图 9-7 所示。

## 9.3.3 浮标信息和数据的查询与下载

浮标信息的查询可登录美国浮标数据中心的官方网站 https://www.ndbc.noaa.gov/。在左上角的搜索框内输入拟查询浮标的 ID 号,即可找到对应浮标的信息。本实验要用到的

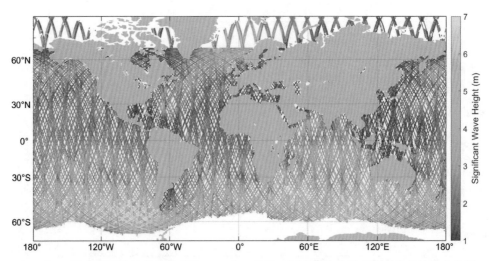

图 9 - 3　可视化代码略作修改得到的 2012 年 9 月第 1 周多颗高度计观测的有效波高分布图

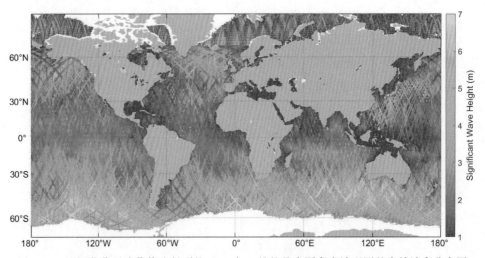

图 9 - 4　可视化代码略作修改得到的 2012 年 9 月整月多颗高度计观测的有效波高分布图

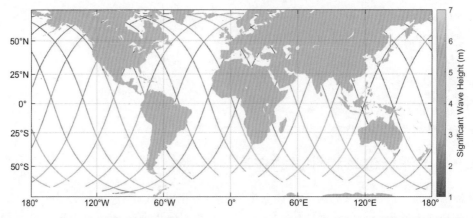

图 9 - 5　可视化代码略作修改得到的 2012 年 9 月 1 日 JASON - 1 高度计观测的有效波高分布图

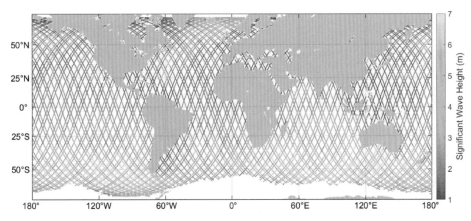

图 9-6　可视化代码略作修改得到的 2012 年 9 月第 1 周 JASON-1 高度计观测的有效波高分布图

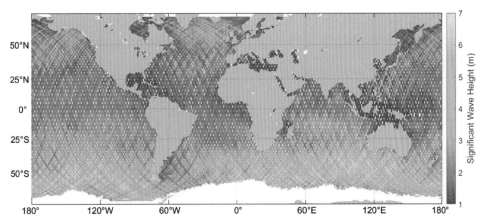

图 9-7　可视化代码略作修改得到的 2012 年 9 月整月 JASON-1 高度计观测的有效波高分布图

5 个浮标的 ID 分别是 51003、46059、42002、41001 和 32012。以 51003 为例,在红框中的位置输入 51003,即可得到图 5-8 所示的搜索结果。结果显示了浮标的许多信息,包括所在的位置。继续向下翻阅,能够查询到浮标的实时观测数据,翻阅到底部,点击"Historical Data & Climatic Summaries"即可查询该浮标观测的多种历史数据。本实验用到的数据是 2012 年的标准气象数据,故点击"Standard meteorological data"中的"2012"即可进入本实验采用数据的下载页面,其他 5 个数据文件的下载方式与之相似。

将所需浮标位置信息整理后,详见表 5-1,同时浏览并下载这几个浮标 2012 年的标准气象数据,找到其中有效波高数据。任选一个浮标,用第 7 章的时间序列绘制方法画出该浮标 2012 年观测到的有效波高时间序列。结果如图 9-8 所示。

下面在地图上标出这些浮标的位置,这一过程本质上就是在地图上用散点图打点,具体代码如下:

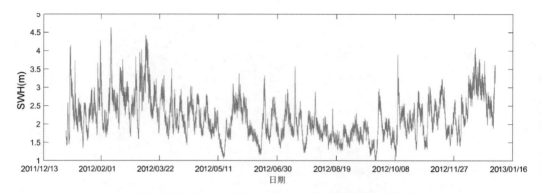

图 9-8　可尝试画出的 32012 浮标 2012 年 1 月观测到的有效波高时间序列

```
lat=[19.175 38.094 26.055 34.724 -19.425];    % 导入浮标纬度
lon=[-160.625 -129.951 -93.646 -72.317 -85.078];    % 导入浮标经度
buoy_id=[51003, 46059, 42002, 41001, 32012]
m_proj('Miller','lon',[-180 -30],'lat',[-30 60]);
m_coast('patch',[0.667,0.667,1]);
m_grid; hold on;
m_scatter(lon,lat,35,'fill','r') ;    % 绘制浮标位置
for i=1:5;m_text(lon(i)+5,lat(i),{num2str(buoy_id(i))},'r');end;    % 浮标标签
```

得到的结果如图 9-9 所示。

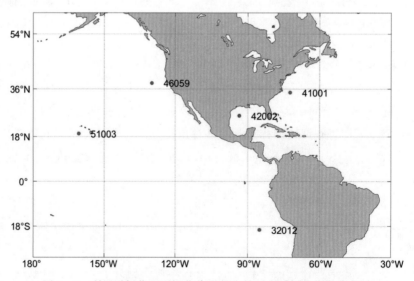

图 9-9　利用浮标位置可视化代码得出的 5 个浮标的位置分布图

## 9.3.4　高度计-浮标数据配准

　　数据配准就是对两个或以上不同来源数据(比如卫星与浮标、不同的卫星、卫星与模式等)在同一时间、同一地点的数据进行匹配。在海洋遥感中,数据的配准常常用于数据的定标、验证、校准和经验算法的训练。例如在本案例中,想要对高度计测得的有效波高是否准确进行检验,就要首先对高度计卫星与浮标的数据进行配准,然后再对配准后高度计测得的有效波高和浮标测得的有效波高数据进行比较。假设浮标测得的数据准确,若二者吻合良好则说明高度计测得的有效波高准确;反之,则说明高度计数据可能存在问题。

　　因此,第一步要做的就是找到同一时间、同一地点的高度计和浮标数据。然而,浮标通常是在一个固定的"点"上固定间隔时间(一般是 0.5~1h)对波高进行测量,高度计恰好在浮标的测量时间点在浮标位置的正上方飞过(即高度计数据和浮标数据在时间、空间上完全重合)的概率是非常低的。在实际操作的过程中,一般假设波高在一个较小的时空范围内保持不变,这样只要卫星高度计和浮标数据在时间和空间上相差不太远,就可以近似地认为它们位于同一时空位置,对二者的数据进行匹配。假设中认为波高或其他目标参数保持不变的时空范围,被称为配准的"时空窗口"。时空窗口大小选择的总原则是要在保证足够数据量的同时避免数据时空差异过大造成误差,这就需要针对参数本身和观测数据的特点,具体问题具体分析。例如在高度计和浮标的有效波高数据配准过程中,通常选择的时空窗口是 50km 和30min,即配准数据中卫星和浮标数据的空间距离不超过 50km,时间差异不超过 30min。如果窗口过小,比如压缩到 5km 和 3min,就会导致很难找到满足要求的数据;而窗口过大,比如扩展到 500km 和 300min,就会导致卫星和浮标观测点之间本身的波高就相差很大,无法对数据进行直接对比(两个相距 500km 的点波高会存在显著的差异)。

　　在下面的操作中,为了适当增加配准点的数量,将会采用 75km 和 30min 的时空窗口,首先找出卫星数据中距离浮标不超过 75km 的有效波高数据及其对应的观测时间,然后再在浮标数据中找到与高度计过境时间最为接近的有效波高数据,最后判断两者之间的时间差是否大于 30min。首先,将一个月的高度计数据全部放入相应的数组。以下用到的代码会略长,但思路并不复杂,学生可以根据注释梳理逻辑。

　　首先,将一个月的高度计数据全部放入相应的数组中,代码如下:

```
latalt=[];
lonalt=[];
swhalt=[];
timealt=[];
for day=1:30
    fileday=['altimeter_data\wm_201209' num2str(day,'%02d') '.nc'];
    % 数字转为字符串,%02d 在数字前强制补 0,和上面的处理方式略有不同,但结果一致
    latalt=cat(1,latalt,ncread(fileday,'lat'));
```

```
    lonalt=cat(1,lonalt,ncread(fileday,'lon'));
    swhalt=cat(1,swhalt,ncread(fileday,'swh'));
    timealt=cat(1,timealt,ncread(fileday,'time'));
end
lat=[19.175 38.094 26.055 34.724 -19.425];
lon=[-160.625 -129.951 -93.646 -72.317 -85.078];
buoy_data=[51003 46059 42002 41001 32012];
```

然后,循环将高度计数据和每个浮标进行交叉比对(由于数据较多,以下代码运行过程中可能会发生卡顿),代码如下:

```
timealt=timealt+datenum(1900,1,1,0,0,0);     % 时间框架统一
bslcswh_all=[];      % 用于存储最终所有配准的浮标 swh 数据
slcswh_all=[];       % 用于存储最终所有配准的高度计 swh 数据
for bid=1:5 %  buoy 1 to 5
    dist=m_idist(lonalt,latalt,lon(bid),lat(bid))/1000.;
    % 每个卫星数据离浮标的距离
    slctime=timealt(dist<75);    % 选择出距离小于 75km 的高度计数据
    slcswh=swhalt(dist<75);
    bslcswh=nan(size(slcswh));
    % 对于每一个数据,都会有一个浮标数据与之匹配
    % 虽然不知道值是多少,但可以先定义一个数组
    bdata=importdata(['buoy_data/' num2str(buoy_data(bid)) 'h2012']);
    % 浮标数据读取
    bdata=bdata.data;
    byear=bdata(:,1); bmonth=bdata(:,2);
    bday=bdata(:,3); bhour=bdata(:,4); bmin=bdata(:,5);
    t=[byear bmonth bday bhour bmin zeros(length(bmin),1)];
    btime=datenum(datestr(t));
    bswh=bdata(:,9);
    bswh(bswh>25|bswh<0.1)=NaN;
    % 删去有问题的浮标数据(波高小于 0.1m 或大于 25m 一般在海洋中不太会出现)
    for t=1:length(slctime)
        % 对于每一个距离小于 75km 的高度计数据,找到与之时间最接近的浮标观测
        if min(abs(btime-slctime(t)))< 0.5/24.0
            % 如果最近的时间小于 0.5h,则保留该浮标数据
            b_pos=find(abs(btime-slctime(t))==min(abs(btime-slctime(t))));
            bslcswh(t)=bswh(b_pos);
```

```
        else
            % 否则该高度计没有对应的浮标数据
            bslcswh(t)=NaN;
        end
    end
    % 一个循环后,后面的数据覆盖 bslcswh 和 slcswh,所以要把它们单独存储。
    bslcswh_all=cat(1,bslcswh_all,bslcswh);
    slcswh_all=cat(1,slcswh_all, slcswh);
end
% 最后,删去配准数据中的 nan 值
notnanid=find(~isnan(bslcswh_all));
slcswh_all=slcswh_all(notnanid);
bslcswh_all=bslcswh_all(notnanid);
```

结果显示,slcswh_all 中存储的是浮标附近高度计测量的有效波高,bslcswh_all 中存储的是对应时刻的浮标测量数据,两者可视为对同一个时空位置有效波高的测量,即完成了数据的配准可以直接进行相互比较。

## 9.3.5 数据的对比和验证

根据"5.3.5 数据的对比和验证"中所述的偏差、均方根误差、相关系数计算方法,进行数据的对比和验证。

散点图绘制、偏差、均方根误差和相关系数计算的参考代码如下:

```
scatter(slcswh_all(:),bslcswh_all(:));    % 画散点图
set(gca,'tickdir','in','fontsize',18); axis([0,4,0,4]); grid on; box on;
xlabel('Altimeter SWH (m)','fontsize',18); ylabel('Buoy SWH (m)','fontsize',18);
hold on; plot([0,4],[0,4]);    % 加上 y=x 参考线
% 计算平均偏差计算、均方根误差和相关系数并标注
x=slcswh_all(:); y=bslcswh_all(:);
Bias=mean(y- x);
RMSE=sqrt(mean((y-x).^2));
r=corrcoef(x,y);
r=r(1,2);
textstr={['Bias= ' num2str(Bias) 'm'], ['RMSE= ' num2str(RMSE) 'm'],...
['r= ' num2str(r)]}
text(0.3,3.5,textstr,'fontsize',18)
```

得到的结果如图 9 - 10 所示。

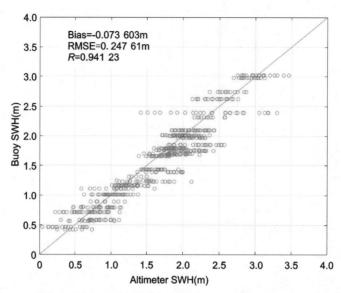

图 9 - 10 利用上述散点图绘制代码得到的高度计-浮标有效波高对比散点图

注："Buoy SWH(m)"表示浮标有效波高(m)，"Altimeter SWH(m)"表示高度计有效波高(m)。

从图 9 - 10 可以看出,大部分的数据都落在了 $y = x$ 这条直线的附近,说明浮标的测量结果与高度计的观测结果是比较接近的,说明了高度计能够对波高进行测量。但数据中显然也存在一定的误差,这些误差可以通过偏差、均方根误差和相关系数进行定量评价。

## 9.3.6 数据的校准

通过高度计和浮标有效波高数据的统计关系,可以利用线性回归、二次回归等方法对高度计测得的数据进行经验修正,使之与浮标测得的数据更加吻合。因此,首先要找出高度计和浮标数据之间的定量关系,在原散点图的基础上可以先绘制回归曲线,代码如下:

```
% % 先用前面的代码画好图,然后回归分析并绘制拟合直线
hold on;
t=polyfit(x,y,1);    % 对 x 和 y 线性回归
X1=polyval(t,x);    % 得到校正后的结果
plot([0:4],polyval(t,[0:4]));    % 画出回归线
if t(2)>=0
    textstr=['y=' num2str(t(1)) 'x+' num2str(t(2))]
else
    textstr=['y=' num2str(t(1)) 'x' num2str(t(2))]
end
text(2,0.5,textstr)    % 标注回归线方程
```

得到的结果如图 9 - 11 所示。然后,重新用 $X_1$ 和浮标数据进行对比,如图 9 - 12 所示,经过线性校准,虽然从图中的点位看上去差别并不明显,但从数据上可以看出,偏差降低接近零,均方根误差也从 0.248m 降低到 0.229m,说明线性校准对降低误差起到了一定的作用。线性校准不会改变数据之间的线性相关性,所以相关系数不会发生变化。

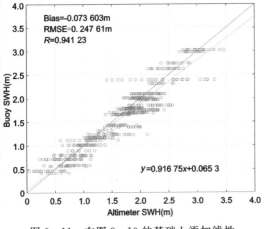

图 9 - 11　在图 9 - 10 的基础上添加线性
回归曲线得到的结果图

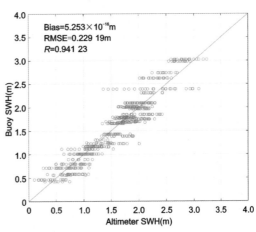

图 9 - 12　利用线性校准代码对数据线性校准后
得到的浮标-高度计有效波高对比散点图

二次函数校准只是把回归方式由线性校准的 $X_1 = kx + b$ 变成了 $X_1 = k_1 x^2 + k_2 x + b$,对代码改动很小,只需要将第一段代码中的"t = np. polyfit(x, y, 1)"改为"t = np. polyfit(x, y, 2)",即可得到下面的图 9 - 13、图 9 - 14。

从结果中的数据可以看出,二次校准将数据的偏差降低到接近零,均方根误差从 0.248m 降低到 0.227m,比线性校准的降低量还要稍多一点,相关系数有非常微小的提升,但误差的降低和相关系数的提升相比于线性校准基本可以忽略不计。因此,在实际应用中,线性校准是一个非常常用的手段。

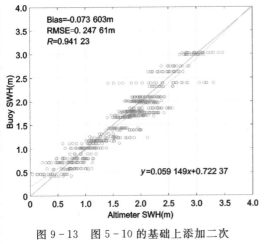

图 9 - 13　图 5 - 10 的基础上添加二次
回归曲线得到的结果图

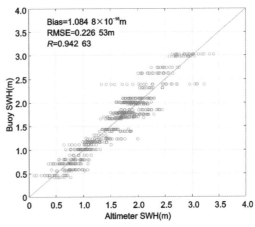

图 9 - 14　利用二次校准代码对数据线性校准后
得到的浮标-高度计有效波高对比散点图

# 9.5 课堂/课后作业

(1)到 NDBC 的网站,查询 41001、41004、41040、41044、41047、41048、42001、42002、42003、46006、46059、46001、51101、51004 等几个浮标是否有 2012 年的数据,如果有,尝试选择其中的 3~5 个进行下载并查阅浮标位置信息。把浮标的位置信息追加到本实验所绘制的浮标位置图中。

(2)在浮标 42002 的数据中,选择一个月画出风速和有效波高时间序列,看看它们之间是否有什么联系。

(3)将下载的浮标追加到已有的 5 个浮标列表中,对代码进行修改,并将配准的空间窗口从 75km 缩小为 50km,对有效波高的对比结果有何影响。

(4)对相应的高度计和浮标所测得的风速数据进行配准(空间窗口选择 50km),并对风速数据进行验证,做出散点图并计算两组数据的平均偏差、均方根误差和相关系数。

(5)对风速数据进行线性校正,并评价校正后的结果。

(6)选择 1 天的 JASON-1 高度计数据,试用散点图画出其地球物理模式函数的形状,即画出高度计后向散射截面与测得风速的关系。